U0198331

科学人文书系
Science & Humanities

回锅头尾

科学与文化序跋集

"知其不可为而为之"——不也是人们经常用来褒义地形容某些努力的说法吗?

刘兵 ◎ 著

上海科学技术文献出版社
Shanghai Scientific and Technological Literature Press

图书在版编目（CIP）数据

回锅头尾 / 刘兵著．—上海：上海科学技术文献出版社，
2016.3
　（科学人文书系）
　ISBN 978-7-5439-6973-5

　Ⅰ．① 回… 　Ⅱ．①刘… 　Ⅲ．①科学史学—研究 　Ⅳ．
① N09

中国版本图书馆 CIP 数据核字 (2016) 第 035318 号

总 策 划：梅雪林
责任编辑：石　婧
装帧设计：有滋有味（北京）
装帧统筹：尹武进

丛书名：科学人文书系
书　名：回锅头尾：科学与文化序跋集
刘　兵 著
出版发行：上海科学技术文献出版社
地　　址：上海市长乐路 746 号
邮政编码：200040
经　　销：全国新华书店
印　　刷：上海中华商务联合印刷有限公司
开　　本：787×1092　1/32
印　　张：7.125
字　　数：125 000
版　　次：2016 年 3 月第 1 版　2016 年 3 月第 1 次印刷
书　　号：ISBN 978-7-5439-6973-5
定　　价：30.00 元
http://www.sstlp.com

头 尾 之 头

被邀编一个集子,想到许多年来,陆陆续续地,曾为自己的书和别人的书写过一些序和跋之类的文字,遂起意将其编在一起。

在中国一些菜系中,做鱼时,是将头和尾单做的,并经常会做出与鱼身迥然不同的风味。这种做法以至于在某些时候让头和鱼的价格高于鱼身。

就写书来说,类比之下,序与跋,大致也相当于头和尾吧。而将之聚在一起重新出版,同样类比,那就和做菜中的"回锅"差不多了。其实,回锅本也是中国烹饪的另一特色。将已有的原料重新回锅,无论是作菜,还是编书,也都有异曲同工之味。

原来,曾想将已备之料一勺烩了,编起书来才发现,原料还是偏多了些,而锅的大小有限,盘的大小更有限,于是,只选取其中一部分,做成了这本《回锅头尾》。但愿它还是另有特色的。

这些序和跋之类的文字,涉及的内容,以科学文化为主,也兼及其他一些领域。

作者技艺有限,希望不致倒了读者的胃口。

上菜!

目　录

下编　他人书的头与尾

上编

自己的书的头与尾

1.《超导物理学发展简史》前言

随着1986年发现高临界温度超导体和在超导研究领域中带来的突破性进展,在世界性的范围内掀起了一场"超导热"。人们开始以极大的兴趣和热情关注着超导物理学这一学科的最新发展。当超导物理学从幼年走向它的成熟阶段、超导技术应用的序幕已在拉开、超导研究的成果即将给人类社会带来重大变革和深刻影响的时候,人们可曾想到过超导76年来发展的历史?

像任何一门学科的发展一样,超导物理学的历史也是丰富多彩、引人入胜的。了解超导物理学的历史发展,将有助于我们更深刻地认识超导物理学,加深对其现状的理解,并以更深远的目光去展望它未来的发展。另一方面,人类探索超导奥秘的历史,也为当今的科学研究提供了许多有益的历史经验以供借鉴。正是出于这种目的,我们从事了这本书的写作。

由于考虑到这套丛书的性质和读者对象,我们不能把它写成只有专家才感兴趣的专著,而是力争在有限的篇幅内,尽量通俗易懂地追述超导物理学史中重大的关键性事件。但是,无论如何,超导物理学毕竟不那么通俗,本书在论述某些问题时采用一些专门的科学术语仍是不可避免的。但我们努力做到使大学程度以上的读者能够读懂书中的内容。为了兼顾各方面读者的兴趣与需要,尝试总结出一些可供人们参考的经验教训,并在结束语中论述了超导技术的应用及其前景、超导研究与社会的关系等。

在撰写本书时,我们情不自禁想起了著名科学史家萨顿曾在他的《科学史与新人文主义》一书中写下的一段话:"我们还不能以正确的眼光看清最近科学的发展。当然,我们相信能够,我们真心地认为我们能够挑选出这个时代最有意义的发现,但整个历史在那里证明,当代的判断总是靠不住的。"萨顿的这段话固然是对整个科学史而言的,但就撰写超导物理学史来说,我们也有同样的感觉,超导物理学毕竟历史短暂,有些事件与我们相距如此近,是否能够挑选出那些真正最有意义的发展来撰写这一学科的历史,这是要有一定保留的。但是,对超导物理学这样一门重要的学科,其历史是极为值得人们去深入研究的。作者希望在我国对超导物理学史的研究能够真正系统地深入下去,希望能有更出色的超导史研究著作问世。

在本书的写作过程中,作者之一(刘兵),曾得到了许良英先生、戈革先生的指导,并得到过管惟炎先生、程开甲先生、王守证老师的热情帮助,在此谨致诚挚的谢意。

此系为《超导物理学发展简史》(刘兵 章立源 著,陕西科学技术出版社,1988 年出版)所写之前言。

2. 话说边缘

一段时间以来,"边缘"一词被频繁地从各种角度使用,已经差不多快被用滥了,一些人似乎以自称边缘为荣。其实,中心和边缘的划分,主要还是由大环境所决定的,个人只有选择自己立足点的余地,虽然有时这种选择很被动。绝大多数人自然是希望能身处中心的,倘若一时迫不得已暂处边缘,也至少还可以做出打入中心的努力。如果自愿地选择了边缘,那么,就意味着必须放弃中心的种种优势而忍受边缘的种种劣势。显而易见,与边缘相比,中心有许多的实惠,这也正是划分中心与边缘的重要依据之一。因此,当一个人得意地自诩边缘时,就有些可疑,很可能他实际上已经处于中心却为了某种目的而打出边缘的旗号。

但是,本书仍以边缘为名,实在是因为我找不到一种能更确切地描述自己的工作和心理状态的其他说法,而且,虽然有解释自己甘心选择边缘,并甘愿"驻守"于此的充分理由,却丝毫不因身处边缘而有什么荣耀。换言之,我是自愿地选择了某些领域,而这些领域恰好正处于边缘,这只是一种不得已,而不是因为这些领域处于边缘才去选择它们。

这里,可以简要地做些解说。

20世纪70年代末,刚刚恢复高考,我也顺着当时的潮流进入了大学,在北大学习物理专业。在当时所谓"学好数理化,走遍天下都不怕"的时尚观念下,物理可以说是某种中心,只是现今随着社会上主流价值取向的变化,使得像物理这样的专业的中心地位已经被其他一些更有经济效益和"社会效益"的领域所取代而在很大程度上被边缘化了。大学毕业后,在读研究生时,我选择了科学史专业,这可以说是走向边缘的开始。研究生毕业后,我一直在高校工作,主要从事科学史的教学和研究,出于个人兴趣,也在科学哲学、科学文化、环境保护乃至于女性主义等方面进行了一些研究。显然,尽管当下像物理这种很难直接产生经济效益的领域在社会上已经很边缘了,但与物理相比,科学史之类的领域则要更加边缘得多。而且,由于像科学史、科学哲学和科学文化等领域的研究很难说出其研究有什么直接的"应用价值",而更多的是一种文化积累的价值,因此在周围价值取向正变得越来越功利的社会环境中,当然是处于边缘的地位;而像环境保护和女性主义研究等领域,则本来就是典型的边缘地带。

近年来,在教学和研究工作之余,在撰写那些"沉重"的学术论文之外，我也开始写些"非学术"文章，这本集子就主要是这些随笔书话之类的短文的汇集，当然，其中有些篇章按某种标准也可算作"论文"或"准论文"，之所以收入到这本集子中，是考虑到其对于普通读者也还尚有某种可读性或可理解性。不过，像这样的文字，通常是很难作为什么"研究成果"的，自然也难以得到"中心"的"承认"，更与以"中心"标准衡量的各种奖项无缘，在这种意义上，这些东西除了内容之外，就连文体或者说形式上都是边缘的了。

就个人而言，一方面，是出于兴趣，或者说是天性使然，偏偏就喜欢在当下碰巧处于边缘的这些领域中耕作，并喜爱这样的一种生存方式；另一方面，边缘也有边缘的意义，用标准的"中心"话语来讲，边缘还具有中心所无法取代的、有时甚至更为重要的社会功能，至少我是这样认为的。因此，边缘就边缘吧，管他呢！于是，便在边缘驻守下来，尽管为此驻守有时还要付出很沉重的代价，却也无怨无悔，因为这毕竟是自己的选择。

所幸的是，由于这种选择却不期然地有了这本名为《驻守边缘》的集子。

此系为《驻守边缘》(刘兵 著，青岛出版社，2000年出版)所写之自序。

8

3. 自选的选择

　　说来惭愧,虽然经常写文章,甚至也还曾几次为友人的著作撰写序言,但轮到为自己的集子写序,却感到有些不知从何说起。因为为自己的书写序与写其他的文章有所不同,自认为要说的话本来都应该已经包括在所收的文章中了,如果要说的话在文章中没有说清楚,没有说到位,那只能是文章写得不好,在文章之外再写序言之类的东西,难免画蛇添足。但像经常遇到的情况一样,有时写自序之类的东西本是整套丛书统一要求的,此次亦然,所以在此便按出版者的要求尽量简单地写些文字,权做些说明而已。

　　想当初,在从小学到中学的学习阶段,正值"文革"期间,不管"闹"的是不是"革命",反正谈不上有什么学习的环境。记得初中时曾有一度莫明其妙地想读古文,带了《古文观止》在课上自己读,却被老师严厉批判,从此放下书本,一心地"闹"下去。每当想起这段经历时,总有些感叹。倘若当时能真正认真地读读古文,打下稍许好一些的基础,于自己目前从事的科学史研究当大有裨益，不过现在这只能是一种遗憾的假设了。幸而，在中学毕业时，赶上恢复高考，于是用不到一年的时间匆匆地恶补了一遍整个的中学课程，本来对文科有所偏爱，却稀里糊涂地随大流学了物理。虽然物理学得也还可以，却总觉得还应有更适合自己的领域。于是，在大学毕业后，念研究生时改学了科学史专业，有幸能投在名师门下，并且也真正喜欢上了这一行。研究生毕业后，在高校从事教学和研究，15年来，个人的研究工作基本上是在科学史领域中。不过话说回来，当初的物理训练绝非浪费。一则至今认为对于思维的训练来说，以物理学的系统学习是最好的训练方式之一；二则对于科学史工作来说，科学的学习背景自然也非常重要。

在这本自选集中的文章分为三个部分，大体表现了自己这些年来工作的主线。首先是第二部分，也即低温物理学史的研究。笔者从研究生阶段就进入了这个领域。在写研究生学位论文时，选择了超导物理学史作为题目。当时，无论在国内还是在国外，超导都还处于非常"冷"的阶段。幸运的是，毕业后不久，便赶上了因高温超导体的发现而带来的"超导热"。于是便有了某种对于超导史的文章和书籍的"市场需求"。正因为有了预先的积累和储备，便也相应地稍许多发表了些东西。结果有人还以为是在超导热起来之后才"追风"的产物。其实，等一个问题热起来再匆忙赶潮流是绝对不会做出精品的。而科学史工作本身的特点之一，也正是要甘于坐冷板凳和研究不那么时尚的东西。能赶上某种"热潮"，只能说是一种偶然的幸运，但"热潮"却是迟早要退下去的。十来年超导领域也恰恰如此。不过，本人在这个领域的工作还是延续了下来，并向范围稍广的低温物理学史有所扩展。

关于科学史的具体工作，其实并没有更多好解释的内容，首要而且最基本的要求只不过是扎扎实实的研究。可以提到的是，在国内，从事西方科学史研究的人很少，这固然有多方面的原因，但信息、文献资料的缺乏以及经费等条件的限制显然是非常重要的因素。这些困难的存在，导致我们与国外同行在学术研究方面处于一种不平等的竞争之中。本人早在做超导史的研究生论文时就深切地感受到了这一点。当时，国外也刚刚有人开始认真地对待超导史的研究。但哪怕像在希腊这样并非最发达国家的科学史家，也可以满世界地在各种图书馆、档案馆中利用第一手的资料，而这种研究西方科学史的最基本的工作条件却是绝大多数中国学者可望而不可及的。因此，在后续的工作中，自己能够做的，只能是尽可能地利用各种机会。例如，在这本集子中收录的像基于对带头的当事人的访谈并结合文献分析的对 1986－1987 年间高温超导体发现的历史考察的文章、基于托各种关系得到的国外档案馆中未发表文献写成的"玻尔与超导物理学"一文,以及基于同样是通过熟人关系得到的前苏联解密档案写成的"被清洗的物理学家"一文,等等,便是这种努力的结果。当然,这些文章所讨论的某些问题也还是国外科学史家尚未系统研究或研究尚不充分的问题。

在此集子中第一部分的内容,是本人稍后一些开始接触并延续研究至今的内容,即关于科学编史学,或者通俗些讲,是关于科学史的历史、基础理论、思潮、研究方法等问题的研究。之所以关注这些问题,是考虑到国内的科学史界的具体需要。因为长期以来国内科学史工作者们除了对西方科学史的研究不够之外,在对于中国,特别是中国古代科学史的研究中表现出来的问题之一,是在研究观念和研究方法上的落后。我们对于西方近几十年来科学史领域中层出不穷、影响甚大的许多新动向、新观念、新方法了解甚少,这种局面严重地影响了国内科学史研究的水平,也影响了我们与国外同行的对话和交流,用流行的话来讲,就是无法"接轨"。但鉴于以往的基础不够,或者说几乎没有什么基础,对于这些问题的研究往往是从零开始,也即从头学习、理解国外文献开始。因此,这部分的内容更多地属于引进、介绍和分析性的,而非独创性的工作。不过,正如前述背景所表明的那样,这样的工作对于国内科学史学科的发展又是必不可少和非常重要的。那当然,在这方面还有大量的工作需要去做,在今后相当长的一段时间内,本人也仍将继续从事相关的研究。

本集子第三部分的内容,包括一些一般性的科学史问题,以及像科学哲学、科技政策、女性主义以及生态环境等方面的内容,这些工作因属杂类,不必更多解释。在广义上讲,它们或者本身就是科学史的问题,或者与科学史也是相通的。这也是对本人这些年来曾涉足的某些课题有代表性的作品有选择地收录。

总之,编辑这本自选集,可以说是对本人这些年来的工作的一个阶段性的总结。当然,希望它对有兴趣的各类读者也能有哪怕是一丁点儿的意义。

此系为《刘兵自选集》(刘兵 著,广西师范大学出版社,2000 年出版)所写的自序。标题为编辑此书时所加。

4. "另类"的科普

记得还是在刚刚上大学不久,大概是在大一,也许是大二的时候,在微积分课上,老师推荐了一本由著名物理学家和科普作家盖莫夫所写的名为《从一到无穷大》的科普书。当时,把书找来后,我几乎是一口气像看侦探小说那样地把这本书读完的。在此之前是否看过其他科普书现在已经不记得了,至少也是没留下什么印象。但自从接触到《从一到无穷大》这本书之后,我终于产生了对科普著作的好感和兴趣,也更加因为很少能再遇到达到像《从一到无穷大》那样高的水准的科普著作而遗憾。以至于,我甚至一时萌生过毕业后干脆当编辑去的想法,当然是为了想更多地出版像《从一到无穷大》那样的优秀科普著作。不过,那时却从未想过有朝一日自己也会介入科普写作,或者说被承认为介入了科普写作。

我大学时学的是物理,但由于自己对人文学科的兴趣一直也很高,再加上其他各种考虑,念研究生时报考了科学史的专业。1985年毕业后,我绝大部分时间都用在科学史的教学和研究中,当然,为了能够维持这种兴趣,也还要更多地承担像自然辩证法这样的公共课的教学任务。总之,是以一种在大学中标准的学者的方式来进行研究和写作。

第一次介入科普,是20世纪80年代末当超导热起来时,因为我一直研究超导物理学史,因而被邀请写一本通俗的超导发展史。这就是与我国著名超导物理学家管惟炎先生合作,由知识出版社于1988年出版的《超导研究75年》那本小册子。后来,陆续地,又先后写了几本类似的科学史普及读物。现在回过头来看,我以为这些作品还是比较"传统"的,即使是按照把科学史也包括在内的较为宽泛意义的科普概念。

直到近些年来,由于多方面的原因,我开始比较多地涉足科学文化的领域,尽管依然是立足于自己的科学史专业,但这里所讲的科学文化,则包括了学术、准学术和普及的不同层次,也包括了像科学教育、科学与艺术、生态环境、社会性别等多个领域,甚至包括了像组织出版撰写书评等多种类型的活动。究其原因,既有在某段时间个人的工作有所变化的因素,有出版业越来越繁荣和市场化以及由此带来了资源需求的因素,也有社会上对科学精神、科学方法、科学文化的重视与需求的因素。相应地,也开始有人将科普的观念更加扩大和现代化,将以往那种偏重注意介绍具体科学知识的科普归为"传统"科普,而将更加注重科学精神、方法和文化的作品归入"公众理解科学"类的科普范畴,也有将其干脆以科学文化类作品相称。因而,我的一些写作和活动也就被一些人看做是处于广义的科普领域中。这倒是我以前确实未曾想到过的。

但是,在"传统"科普和"非传统"科普之间的某些分歧、矛盾或者说张力也仍然存在。不过我以为,在正常的情况下,不同类型的科普都是为社会所需要的,有多种类型科普存在显然要比只有单一类型更好。在我的理解中,我个人绝大部分的"科普"作品,当然是属于那种"非传统"型的。承蒙湖南教育出版社厚爱,邀请我在其《中国科普佳作精选》中出一个集子,我个人确实感到非常荣幸,并以为,这既是对我的工作的某种承认,也是社会上对于"非传统"科普的承认的开始。

这本集子以《硬币与金字塔》为书名。其来源是其中所收的一篇讨论科学与艺术之关系的文章的标题。同时,用作书名,也还可以找出某种寓意。因为,在那篇文章中谈到的硬币和金字塔,都是在谈及科学与艺术之关系时涉及的隐喻,当然它们也可以作为科学文化和人文文化之关系的隐喻。它们意味着,科学和人文是硬币不可分的两面,也是金字塔相互关联又彼此分离的不同侧面。但在金字塔的隐喻中,还有另一层意思,即随着认识高度的上升,其间的距离也将会相应地缩短。而在这本集子中所收的我的"非传统"科普作品中，最明显的特点之一，也正是对科学与人文相结合的关注，是对以人文的视角来看待科学的强调。

这本集子的内容选自我发表过且自认为大致属于"非传统"类型的科普作品，包括对两本科普小册子的节选和一些单篇的文章。需要说明的是，其中有些文章也曾收在了我另外几本学术或随笔性的自选集中，但由于科普的专题性和读者的不同，经再三考虑，还是把它们包括在了这本集子里。

在选编的过程中，特别需要致谢的，还有湖南教育出版社的符本清先生，正是由于他的认可和帮助，才使这本集子的出版成为可能。

此系为《硬币与金字塔》（"中国科普佳作精选"丛书之一，刘兵 著，湖南教育出版社，2001 年出版）所写之后记。此书由湖北科学技术出版社收入其"中国科普大奖图书典藏书系"，2016 年出版新版。

5. 认识桥梁的建造者

我最初接触萨顿的著作,还是读科学史专业的研究生时,几位同学在导师许良英先生的指导下有选择地读了一些原著,包括萨顿的著作,并结合阅读,对科学史中的许多问题进行了讨论。其后,在纪念乔治·萨顿一百周年诞辰时,我们几位同学又为《科学与哲学(研究资料)》翻译了纪念萨顿的专集,并接着翻译出版了他的《科学史和新人文主义》(华夏出版社,1989)一书,选编并翻译了《科学的历史研究》(科学出版社,1990)一书。在此前后,我们也看到了科学史前辈刘珺珺翻译的萨顿的《科学的生命》一书由商务印书馆出版。因此,今天写《科学的生命》一书的解读,也算是有着某种前缘吧。

作为科学史的专业教学研究者,不可能没有听说过萨顿。但萨顿的著作的意义却并不只限于科学史的专业人士。其实,萨顿的著作大致有两类:一类是像其《科学史导论》那样艰深的专著,在某种意义上,它们并不是为一般的阅读而写作的,甚至于在今天连科学史的研究者也只有在必要的时候才会去查阅;另一类著作,例如像前面提到的那几本,则可读性较强,不仅专业工作者,普通读者也可以相对轻松地阅读。当然,说轻松地阅读也许容易误导,因为在表面上的可读性背后,其思想的深度和观点的重要,是需要反复阅读和思考才能真正有所领会的。这也是我写这本解读的某种必要性。

要写萨顿著作的导读,显然是有相当的困难的。例如,虽然萨顿在科学史界是如此重要的一位奠基者和开创者,但对他的研究并不多,就我所见,甚至还没有一本专门研究他的著作,也没有一本专门的萨顿传记。因此,写这本解读,只能依靠不多的参考材料,更多地需要自己的思考和分析。

另外需要指出的是,萨顿这位大师虽然重要,但像所有的先驱者一样,他毕竟是科学史这门学科早期的研究者,因此,在他之后,科学史的学科又有了极大的发展,要详细地叙述这些后来的发展,就远不是这样一本解读性质的著作的篇幅所能容纳的了。所以,在本书中并未对萨顿之后的科学史发展做详细的讨论。但我们绝不能无视这些后来的发展,在某种意义上,目前科学史中许多的见解在也有着诸多争议的同时,也远远地超越了萨顿,例如说,实证主义的科学观和科学史观已不再是主流的观点。但在这样说的同时,我们同样也可以说,像任何一位先驱者一样,萨顿的著作中诸多重要的思想,并没有都成为过时的东西。在今天,当我们阅读他的著作时,也仍然会为他的许多思想和观点所吸引,为他的热情所感染,因他精彩的叙述和评论而引起共鸣。甚至于,即使对于中国的科学史界,学习和研究萨顿的思想,也是必须要补上的一课。

因此,在这本解读中,我并没有面面俱到地对《科学的生命》这本原著逐字逐句地分析解释,而是选择其中一些重要的论点,尤其是针对今天的现状,特别是针对国内的现状仍有重要意义,仍有借鉴价值,仍能引起人们深入思考的一些论点,重点进行了分析和评说,并有所发挥。当然,阅读任何一部著作都是仁者见仁,智者见智的事,读者也完全可以做出自己的判断和分析,并得出自己的结论。

自从接受了撰写这本解读的任务之后,由于各种原因和工作的繁忙,一直将写作的事拖了下来,一直等我到英国剑桥李约瑟研究所做访问学者时,才有机会摆脱各种杂务,可以专心地写作,并在这里完成了此书的大部分文字。因此,我必须感谢李约瑟研究所为我提供的良好的工作环境,使我能顺利地完成本书的写作,也感谢办公室窗外那只常常在草坪上出没的英国小松鼠每天对我的陪伴。

此书得以完成,还要感谢山东人民出版社领导对文化与科学传播的重视,组织这样一套丛书并将对萨顿著作的解读列入其中,要感谢编辑丁莉女士和王海玲女士不断的督促和耐心的等待,否则,这本书的完成恐怕还要继续拖延下去。

最后,恳请各位读者能对本书持宽容的态度,当然,更欢迎对其中存在的问题提出批评与指正。

以后,我希望能有机会再选编和翻译一本更有特色的萨顿的文选。

此系为《新人文主义的桥梁——解读萨顿〈科学的生命〉》(刘兵 著,山东人民出版社,2002 年出版)所写之后记。此书的新版,作为"萨顿科学史丛书"之一,2007 年由上海交通大学出版社出版。

6. 剑桥流水

　　在我去英国剑桥李约瑟研究所作为期半年的访问学者之前,河北大学出版社的几位负责人与我谈起一个选题意向,希望我能就在国外的一些经历和感受写一本类似于游记的书。由于有了这个背景,使得我在英国的工作、学习和参观中,可以有意识地想一些东西。于是,在剑桥当我有些感想并有闲暇时,便随手写下了一些相关的文字,也拍了一些照片,并将它们传给了一些国内的朋友分享。在我回国后,又根据记忆补写了几篇。另一些当时虽有感想但未能及时写下,而回国后记忆已经不很清楚的部分,也许就永远地不会重现了。而这些写成的文字,汇集起来,就成了现在的这本名为《剑桥流水》的学术游记。

　　关于英国的游记,已经有了许多种,在这里,我不想把这些文字写成普通的旅游记录或重复那些在常见的游记中已经被人说了许多遍的内容。我所选择的方式,是站在一种学术的背景意识中,从一些特定的视角,去看,去想,去写自己的印象和感受,而且,一个重要的选择标准是,所写的思考和记录,至少要在间接的意义上反映了一种与广义的学术文化特别是科学文化的关联,哪怕是较弱的关联。至于像那些纯粹属于风光或古迹游览的内容,像莎士比亚故乡、海滨城市布赖顿、历史名城巴斯以及伦敦和伦敦周围的宫殿、博物馆等的旅游点观光等,以及一些纯属娱乐的活动,则没有写在这里。

书名叫做《剑桥流水》,内容却不仅限于剑桥。限于时间和其他条件,我在英国时并没有特意去追求一定要走得更远,甚至连众人都说绝对值得一游的爱丁堡和苏格兰高地,也最终未能成行。不过,即使只在以剑桥为圆心半径不大的范围里,也还是有许多值得看、值得想的东西的。由于这些限定,这里所写的内容,显然不是什么重大的题材,相反,倒显得有些琐碎,因此,把书名中的"流水"二字理解为流水账也未尝不可。但是,在这些琐细的流水账中,也许还是多少包含了一些新的信息的。

在此,我要感谢河北大学出版社的宫敬才社长、任文京总编和韩健民副总编的创意,以及他们和该出版社为此书提供的出版机会,要感谢众多在英国和国内给我提供帮助、鼓励和支持的朋友。

也希望此书的读者能对作者因水平有限而在写作中表

23

现出来的种种不足之处予以宽容的谅解。

　　此系为《剑桥流水——英伦学术游记》(刘兵 著,河北大学出版社,2003 年出版)所写之后记。标题为收入此文集时所加。

7. 剑桥流水之新版

转眼间,距《剑桥流水》一书初版问世已经有十多个年头了。到目前为止,此书依然是我所写过的唯一一本游记性质的书——尽管它在标题上标明的是"学术游记",也是在我出版了的图书中,最早被朋友们索要而尽的。现在,市面上已经很难再见到这本书了,而不时地,仍然有朋友会向我索要,或询问在哪里可以买到。因而,承蒙中国科学技术出版社愿意将此书再出一个新版,这实在是一件令人高兴的事。

在从此书初版问世到现在的十多年中,关于书,关于人,甚至关于剑桥(参见新版序),都发生了不少的事,有了一些新的变化。例如,关于书,此书出版后不久,中国台湾版也随即问世,接着,还获得了第14届中国图书奖。这是一个国家级的大奖,通常获奖的多为那些大部头、多卷本、主旋律的巨作,而这本小小的游记能够得奖,实在是有些出乎意料的事。若干年前,由于与一些人由于观点上的分歧而交恶(其实远远都不能说是什么学术性质的争论),网上甚至有说我此书中内容有剽窃之嫌的指责,其实只要不是带有预设的"有罪推定",只要认真地看过书中的文字表述,那些说法自然不攻而破,所以这里也就不再一一说明了。又如,关于人,在这十多年中,我的观点和立场也渐渐地发生了一些改变。现在在我的课堂上,我也经常向学生们表达这样一种看法:作为从事研究工作的学者,其学习和研究过程,肯定是要修正和改变自己原有的一些观点和立场的,否则,如果花了那么多的精力,学习和研究了那么久,却对自己原有的想法没有影响,那岂不是白费了力气? 而且,一个人的基础立场和观点,即使是在写作一本通俗性的作品时,也会不由自主地体现在字里行间。现在再读这本书,我会既痛苦地发现一些现在再写类似文字时不会再用的眼光和立场,也会为自己的变化(或者说是"进步"?)而欣喜。

在这十多年间,也曾不止一次地有出版界的朋友问起是不是要出一个新版,由于我曾设想,倘若再有机会去英国去剑桥,更不用说再加上一些观念和立场上的改变,肯定会有许多新的、不同的发现,肯定会有不同的新写法。但那恐怕就不再是这本书,而会是全新的另一本书了。所以,既然在一直未有机会重访英伦和剑桥,也还未有充分的心理准备重新另写一本英伦游记的前提下,在这本书的新版问世时,我也就未做什么修改,而是基本上仍以它过去的面貌让它重生。这也可以算做保持一种历史的原貌而不做什么篡改的做法吧。

不过,在这一次的新版中,多少也还是有一些小小的改变,例如,请我的好朋友、剑桥李约瑟研究所东亚科学史图书馆的馆长莫弗特先生写了一个短序,将刘钝教授以前写的一篇散文"剑桥遇刘兵"(确实可以算是散文,因为此文当年还曾入选《2002年中国散文精选》)收入作为附录,因为他所描写的,恰恰是我当年在剑桥写作此书时的状况,放在这里,算是一种背景介绍吧。

在此,要向自初版以来众多关心此书的朋友们表示感谢,感谢在初版时河北大学出版社的副总编韩建民先生和责编何屹女士的工作,还要特别感谢在这次新版出版过程中中国科学技术出版社副总编杨虚杰女士的大力支持,感谢赵慧娟女士作为责任编辑的尽心工作,感谢高俊红女士颇有创意的美编,感谢江晓原、田松和刘华杰教授为本书所写的推荐语。当然,最重要的,是要对那些过去的以及未来潜在的读者们能有兴趣阅读此书表示最由衷的谢意!

此系为《剑桥流水》中国大陆新版(刘兵 著,中国科学技术出版社,2015年出版)所写之后记。标题为收入此文集时所加。

8. 关于科学编史学

正如本书的副标题所示,本书所要讨论的是科学编史学。为使读者不致产生某些误解,在正式展开论述之前,在这里先对几个相关的概念做一些简要的说明。

一、编 史 学

在英语中,Historiography 一词通常有两种含义:被人们所写出的历史;对于历史这门学问的发展的研究,包括作为学术的一般分支的历史的历史,或对特殊时期和问题的历史解释的研究。对于此词,国内有不同的译法,本书将其译为"编史学"。当然,这种译法也可能带来让人望文生义的误解,所以,这里先要对编史学的概念作一些简要的讨论。

如前所述,讲英语的历史学家在两种意义上使用编史学这一术语。在宽泛的意义上,它指一般的被人们写出的历史,或是撰写历史的活动,在某些场合,编史学家(historiographer)甚至可以是历史学家(historian)的同义词,但这种用法已较为少见。这是一种传统的用法,其历史至少可以追溯到 16 世纪。直到现在,许多历史学家也还常在这种意义上使用此词,但在更多的情况下,它已被另一个更简短但又多义的词——"历史"(history)所取代。

狭义地讲,编史学这一术语在英语中指对于历史的撰写,历史的方法、解释和争论的研究。虽然对于史学史的研究并不是什么新的领域,向前也可追溯到公元前,但直到大约 18 世纪末和 19 世纪初,史学史的研究才趋向于成熟,一种对历史这门学科的历史的分析性和批判性的观点才确立起来。相应地,英语中编史学一词在与史学史研究密切相关的这种用法的起源较晚,大约在 20 世纪初才出现,而且这与 19 世纪末德国史学史家们频繁地使用德语的Historiographie 一词有间接的联系。在 20 世纪,在英语世界,人们越来越意识到史学史的价值所在,尤其是认识到像其他的文化形式一样,历史著作实际上也是一种历史的产物,必须将其放在产生它们的文明的背景中作为人类思想史的一个方面来考查。同时,随着史学职业化,对历史解释的争论也逐渐增多,人们愈发感到需要一个专门的术语来表示对史学争论的研究。这样,编史学一词便更多地在第二种意义上为人们所使用。

在随后的发展中,编史学与史学史相关的这种用法的含义又有了进一步的扩展。编史学的研究范围延伸到当代,包括分析和研究历史学中当前的各种思潮,力图帮助史学家们发现他们的研究兴趣、方法等等与范围更广的思潮的联系。在某种程度上,编史学也成了一种"批判的工具",并与历史哲学(philosophy of history)的研究范围有了很多的重叠。

在我国,学术界常用"史学理论"一词,来指那些非原初意义上的历史研究而又与一些史学基础性问题(包括历史哲学)有关的研究。这种"元"史学的研究,与编史学的所指是相近的。当然,国内"史学理论"界所关心的问题和研究的方法,与国外的编史学研究还是有相当大的区别的。

在作了以上的讨论之后,便可以较为明确地讲,本书书名所指的编史学,就是在第二种扩充了的意义上的编史学。

在史学界,有时还可以看到这样一种观点,即认为编史学研究不是第一流的学者所从事的工作,仿佛其工作的价值要低于真正的史学研究(如从原始史料出发的对"历史"的研究)。在我国,这种观点也是存在的。对此,这里不准备再作长篇的分析讨论。简单地讲,编史学研究的意义和价值,尤其是研究借鉴西方编史学的成果对于我国史学发展的意义和价值,应该说是显而易见的。

二、科 学 史

讲到科学史的概念,首先涉及对"历史"概念的理解。事实上,"历史"的概念是一个多义的概念。在英语中history(历史)一词至少可以在两种层次上来理解。首先,在最常见的用法中,它指人类的过去。而在专业性的用法中,它或是指人类的过去,或是指对人类的过去的本质的探索。同时,不论是在通常的用法中还是在专业的用法中,这一概念也还指对于过去所发生的事件的说明和描述,也即由人所写出的"历史"(当然,仅仅对于一个事件的各个方面作出按时间顺序的说明还不一定是历史。)。对于历史这一概念的这些不同的理解,在历史哲学中也对应于不同的流派。例如,在一些唯心主义的历史哲学家中,便认为除了历史学家根据原始材料而构造的历史之外,并不存在有"实际"的历史。但如果不做本体论讨论(这种本体论的讨论将是更有争议且更难达到一致结论的),而从认识论的角度来说,这样的说法也并不是很容易驳倒的。因而,在西方的历史学界,目前较为普遍地采用的看法,倒是将历史视为人类(当然是在原始材料的基础上)进行的建构,而对本体论意义上的那种"实际"的历史的问题,采取了回避的态度。

至于谈到科学史,则除了历史的概念之外,还涉及"科学"（Science）的概念。"科学"同样也是一个有多重含义的概念。在对此做专门研究的科学哲学界，对于什么是科学，也一直是争论的焦点问题，而且尚无为所有科学哲学家一致认可的对"科学"的定义。但是，在一般的理解中，"科学"至少也有两层含义。其一，是被看做关于自然的经验陈述和形式陈述的集合，是在时间中某一给定时刻构成公认的科学知识的理论与数据，是典型的已完成的产品。在另一层含义中，科学是由科学家的活动或行为所构成的，也就是说，它是作为人类的一类行动，而不论这种行动是否带来了关于自然的真的、客观的知识。一般地讲，在科学史家所关注、所研究的"科学史"中所涉及的"科学"，主要是后一种意义上的科学（当然，也是不能完全地将前一种意义上的科学完全地排斥出科学史的领域的）。

三、科 学 编 史 学

在做了以上的准备之后，我们可以说，本书所要讨论的"科学编史学"，即是对"科学史"（history of science）进行的"编史学"（historiographical）研究。至于科学编史学是否可成为一个独立的学科，这方面的争议并不重要。重要的是这个领域中的理论性研究对于科学史乃至一般历史学的意义。这种意义甚至远可推及到科学哲学、科学社会学、科技政策等众多相关的学科。与一般历史学相比（如从学科确立的时间和研究者的人数等方面来相比），科学史的确可以说是一个晚生的小学科。而与科学史的发展相比，科学编史学的研究就更存在滞后，研究成果就更少，研究的规模就更小了。但即使如此，科学编史学仍是一个相当广阔的领域，有众多重要的课题需要进行认真的研究。具体到在国内进行科学编史学研究，主要的困难有两个，一是在国内查找国外有关文献的艰难，一是对每一个论题都几乎是从零开始学习。本书自然远未穷尽（也不可能穷尽）科学编史学的全部内容，只是对于笔者认为重要而且在现有研究条件下可先进行研究的若干问题，在西方对这些问题的有关研究成果基础上进行了一些讨论。因此，本书只是一种阶段性的研究总结，故被名为"初论"。或者，用早已为人们所用俗了的说法，也可算做我国科学编史学研究的"引玉"之"砖"吧。当然，如有可能，笔者当继续为"续论"的问世而努力。

此系为《克丽奥眼中的科学——科学编史学初论》（刘兵 著，山东教育出版社，1996 年出版）所写之导言。标题为收入此文集时所加。

9. 再谈克里奥

　　自从 1996 年我写的《克丽奥眼中的科学：科学编史学初论》出版后，十多年过去了。在十多年后，第 1 版已经很难在市场上再买到，我经常会遇到一些需要此书的读者向我索书，但我也无书可送了，但在十多年后，仍然有读者需要此书，还是一件非常令人高兴的事，说明这样的科学编史学研究也还是有其意义的。因此，我非常高兴能有机会再出版这本书的修订版。

　　在这次的修订版中，主要的变化是：重写了导言"何为科学编史学"，重写了第 1 章"科学史的历史概述"，新写了第 2 章"内史与外史"，新写了第 3 章"科学史的功能"，新写了第 6 章"科学史的客观性问题"，重写了第 14 章"科学史与教育"，新增加了附录"李约瑟问题"，原书的其余各章，这些也做了一些文字上的修订，改正了一些原来的错误，并有一些局部的修改。

　　在此书第 1 版的导言中，我曾说过："本书自然远未穷尽（也不可能穷尽）科学编史学的全部内容，只是对于笔者认为重要而且在现有研究条件下可先进行研究的若干问题，在西方对这些问题的有关研究成果基础上进行了一些讨论。因此，本书只是一种阶段性的研究总结，故被名为'初论'。或者，用早已为人们所用俗了的说法，也可算做我国科学编史学研究的'引玉'之'砖'吧。当然，如有可能，笔者当继续为'续论'的问世而努力。"在此后的十多年中，我虽然一直在继续关注和研究科学编史学，但也越来越感到，仅凭一人之力，要相对较全面、较深入地再写一本"续论"的巨大困难，再加上后来其他的种种杂务也越来越多，所以，我采取了另一种办法，即在我指导博士和硕士研究生时，让他们也参与到科学编史学的研究中，选取了一些我希望研究但自己又无足够精力研究的编史学问题作为他们的学位论文方向。令人欣慰的是，他们中许多人已经在这方面做了很好的工作。

因此，在此有机会出版此书的修订版时，我基本保持了此书原来涉及的一些科学编史学的基础性问题，而未再做更大的扩充。我希望在不久的将来，能在我指导的那些学生的工作的基础上，以他们的学位论文为主要内容，再编一本更有前沿性的《后现代科学编史学》作为此书的姊妹篇。

在此，要对十多年来对我的科学编史学研究提供了诸多帮助的诸多朋友和同事表示感谢，尤其是，要感谢现在我所在的单位"清华大学科学技术与社会研究所"以其"北京市科学技术与社会重点学科建设经费"对本修订本的写作提供资助。我也要感谢好友晓原兄为本书的修订版再次写序。同时,要感谢上海科技教育出版社提供出版此书修订版的机会,感谢翁经义社长、潘涛总编、王世平总编助理,以及此书的责任编辑侯慧菊女士。没有他们的帮助,此书的修订版的问世就只能是一个渺茫的愿望而已。

最后,最衷心地,要感谢本书过去的读者,以及未来修订版的读者们。

此系为《克丽奥眼中的科学——科学编史学初论》(增订版)(刘兵 著,上海科技教育出版社,2009 年出版)所写之后记。标题为收入此文集时所加。

10. 两点间最长的直线

正像在这本集子中收录的那些跋序所表明的那样，我以前倒是为自己所写、所编以及为其他朋友所写所出版之书写了一些序言之类的东西，但是，轮到再次要给自己的集子写一个自序时，依然感到在一本书中，也许序是最难写的部分。写得不好，读者在匆匆读过之后，便会因序的原因而将书扔在一旁；写得太好，读者读过全书，又会有上当之感，也会招来许多听不见和听得见的抱怨与批评。为了避免这些尴尬，一个取巧的办法，就是不在序中总结更多的观点，不把序写成某种内容提要式的东西，而是更为直白地作为一种对该书的简单的说明，或者干脆说些题外的联想。这次，我也还是照此办理。

先讲书名。以往，我经常应朋友之邀，为他们的书起个书名。在我曾想出的那些书名中，幸而倒也有些得到了圈内外朋友的认可，尽管在构想那些书名时，肯定会体验到绞尽脑汁的痛苦。但是，在每次要试图给自己的书起一个理

37

想些的书名时,我也依然会遇到几乎是不可逾越的困难,并且会感到在一本书从构思到写作到修改到完稿的整个过程中,起书名似乎是最困难的一个环节。而且,想出一个理想的书名,既要引人注目,又要反映书的中心思想,又要有意境,又要耐人寻味,又要有市场感,又不宜流于俗套或者庸俗不雅,要想全部达到这些要求,简直是一个不可及的目标。而且,想到一个好书名的过程,经常不是由于理性的思考,而是来自直觉和灵感的闪现,这就更让人难以把握了。对于一个人来说,名字也许可以只作为一个代号,一个标符(我自己在小时候起的名字就极不理想,既无意境,又重名率极高,但至今已是无法纠正这一失误了),而一本书的名字,却对这本书的命运在某种程度上起着至关重要的作用。无怪乎一位对出书颇有研究的朋友曾对我说,有时一本书的畅销,其实只是卖了一个书名,一个概念而已。细想起来,这话倒真是不无道理。

这本书的书名最终定为《两点间最长的直线》,它也许距离理想的书名差距很大,但它同样也经历了一个从苦思冥想到蓦然突现的过程,也许其间咖啡的刺激、与朋友闲聊的启发也起了重要的催化作用。初看上去,这是一个矛盾的说法。从小我们学习几何时,就被教会两点间最短的距离是直线。但像几何那样抽象和纯粹的人类思维创造却与生活中的现实相差遥远。在现实中,既没有几何中理想的点,也没有几何中理想的直线。虽然我们可以把几何式的简洁与精确作为一种努力追求的理想,但在现实面前,人们却总是由于种种不可控制的因素而不断妥协,充其量也只能是尽自己最大的努力而尽量向抽象的理想靠近。例如说,科学文化与人文文化的分裂是人们已经看到的一个现实,而要沟通这两者则成为许多人追求的目标(当然也有人并不承认这种观点,甚至站在一个极端把另一方说得一钱不值,但那也只不过为这种分裂提供了更鲜活的实例而已)。像当代科学史学科奠基人萨顿就曾提出要以科学史为手段在这分裂的两者之间建造"新人文主义的桥梁",说白了,也还是设想了一种要以最短的捷径来沟通二者。可是,在现实中,我们仍然看到,科学文化与人文文化的分裂依然巨大,沟通两者的努力依然艰巨无比,人们经常不得不绕路迂回,那座笔直的桥梁建成的目标似乎只是一个让人向往的美好梦想。当然,美好的梦想也是值得去努力追求的,否则,就不会有这里的这些文字。如果仍然利用点和线的比喻,现实的情形倒有些像分形理论中讨论的实际的海岸线的长度是如何与测量的精度相关因而不确定的例子。当然,这只是一种对此书名的可能的牵强的解释,实际上,我倒更希望这个隐喻式的书名能有更开放的想象空间,希望读者能够从中想出他们自己所愿意设想的内容。

剩下的就只是更具体的说明了。自从我上一本文集出版之后,在大约 3 年的时间里,又陆陆续续地写了一些文字,从比例上讲,那些比较普及性的,或者说准学术性的,或者我更愿意说是比较文化性的文字的字数,倒超过了那些更要适应体制化的学术要求的学术论文的字数。同时,回头看一下,发现那些记者的采访和与同行(或非同行)的谈话的文字也积攒下来不少。这些文字绝大多数都曾在各种不同的媒体上发表过。现在,借江苏人民出版社组织出版这套有关"对话"的丛书之际,把这些文字中的一部分重新收集起来,除了作为个人的一种整理之外,似乎倒比一个个的单篇更有了某种组合集中的阅读感觉。而且,从传播的意义上讲,这些不是按照严格学术格式写成的文字,也还是应该拥有更多一些读者,至少是具有这种潜在的可能性吧。其中,就内容来说,这些文字所涉及的,主要是一种广义上的科学文化,当然也有极少量与科学关系不是很密切并且更为人文的文章,但既然把工作的努力方向定位在沟通两种文化上,这些文字也还算是构成了与狭义的科学文化相对的另外一极,收在这里,也还算是不无道理吧。

最后需要说明的是,为了保持一种历史的原貌,除了个别文字的修订之外,这些文章和谈话均以发表时的形式收录,但也有少量发表时因媒体篇幅限制或其他原因而删节较多的文章或谈话,在这里补上被删节的部分恢复了原状。

在这里,作者要诚挚地感谢江苏人民出版社的刘卫先生提供了这一机会,邀请我将此书加入到这套丛书中来,要感谢责任编辑孙立先生编辑加工的辛勤劳动,也要感谢在以前与我谈话的几位同行(和非同行),感谢进行采访和整理了那些谈话的记者、编辑。

最后,我衷心地期待着读者对此书的批评指正,也暗自乞盼着他们的宽容。

此系为《两点间最长的直线》(刘兵 著,江苏人民出版社,2004年出版)所写之自序。标题为收入此文集时所加。

11. "像风一样"

这本书,是我自己的第7本个人文集。

正像我以前在为自己的文集写序时经常遇到而且也曾写出来的感觉:给一本书,尤其是给自己的文集起名字是一件非常伤脑筋的事。幸而,这次在编这本文集之前,曾与上海科技教育出版社副总编潘涛先生和《科学时报》读书周刊主编杨虚杰女士一次饭桌上的谈话,谈到了给这本集子起一个什么样的名字的问题。

除了一般性的讨论之外,当时我们还曾注意到这样一个背景,即这本集子是收入"八面风文丛"的。而且,当时正好张艺谋拍的电影《十面埋伏》上映不久,我也刚刚看过。我说道,虽然许多人并不喜欢这部电影,但我却有些不同的感觉。而且,我非常喜欢电影中主人公的一句道白,说向往"像风一样的生活"。在几个人的相互启发中,潘涛最先讲出:"干脆就叫《像风一样》得了。"其实,有时一个书名一经提出,在一种感觉的支配下,马上就会得到讨论者的一致认可。这次也是一样，于是，我们就商定，就把这本集子的名字起成《像风一样》。为了不致过于虚飘，我们还商定，可以加一个限定性的副标题，即"科学史与科学文化论"。

说到风，人们可以有许多联想，这些联想有好有坏。往好的方面说，可以有风采、风尚、风姿、风景、风华、风雅、风趣、风度、风骨、风光等许多意象；往坏的方面说，也可以有诸多的反面寓意，包括写书写文章的追风。不过，抛开那些更复杂的延伸含义，我倒更喜欢"八面风文丛"弁言中那位署名风清扬者的说法，即"风乍起，吹皱一池春水。'八面风文丛'旨在融社、史、哲，贯通科、艺、人"。"风自八面来，际会风云处。"由此说来，这本集子至少从内容上看，大致还是很符合此文丛的主旨的。

其实，做学问，搞传播，也完全可以按照那种风一样的风格。这包括像风一样，可以无孔不入地穿行于各个领域之间，实现一种贯通，但又有着风脉作为线索。不过，真正的高手，却不会像我这里这样把个风字说得没完没了，而只是隐行于字里行间。许多年前，我曾学习曲艺，在传统的单弦中，有一个经常为演唱者吟唱的经典岔曲段子，名字就叫《风》，其中便是说出许多风的景致，却不露出一个风字。这里不妨将此段子录于此处：

烛影摇红焰

43

透纱窗

　　雨后生寒

荡而悠

　　扬花舞柳

雨打河轩

芭蕉弄影

竹韵悠然

到深秋

　　寒夜钟声闻远寺

送扁舟

　　帆挂高悬急似箭

牧童牛背放纸鸢

松涛恰似水流泉

柳絮癫狂如飞雪

最可爱

　　麦浪清波万顷田

　　像这样的传统曲艺中的意境，也正是做学问和搞文化传播的人应该在工作中所追求的。既然"像风一样的生活"令人向往，做学问写文章自然也可以体验那种风的感觉。尽管不太容易，但至少应该作为努力的目标吧。

解释完书名,序也就差不多写完了。再加几句最简要的说明:此书中的文字,有学术论文,也有短文随笔,甚至收入了几篇谈话,这些文字也都是近年来曾发表在不同的刊物、报纸和书籍中的,在此也是首次结集。

好,打住吧,再多说,就不是像风一样的意境,而是有"像疯了一样"的嫌疑了。

此系为《像风一样——科学史与科学文化论》(刘兵著,上海科技教育出版社,2004年出版)所写之自序。标题为收入此文集时所加。

12. 性别视角中的中国古代科学技术

　　女性主义,这个词以及相关的学术研究,虽然在国际的意义上已经相当普及了,但在国内,对许多人来说却仍有相当的陌生感。因而,当有人问及我的研究领域和方向时,在听到对于性别与科学的研究也是其中之一时,经常会有一些疑问。不过,要用三言两语对这些疑问做出很清晰的回答,也的确是很难的事。最好的办法之一,就是更多地写些有关的文章和书。这本书,也可以说是这样的努力之一。当然,之所以从事这样的研究工作,也与我确信其重要意义不可分的。

　　不过,正像本书开头已经说过的,本书只是一本与性别研究、女性主义有关的科学编史学的研究作品,只是女性主义学术研究领域中一个小小的子领域。虽然我在十多年前的研究工作就已涉及科学和性别的问题,而且从一直最为关注的科学史的视角,也陆续地写了一些文章,但由于还有一些其他研究领域的工作,也还有许多其他的事务,总是难以抽出整块的时间写些更深入的长篇论著。这次是一个例外,而且,有一个重要的条件,就是我指导的博士研究生章梅芳同学,也在其博士论文的选题上选择了性别与科学史的研究方向,并且做了大量的相关工作。因而,这次我邀请她合作从事本书的研究写作工作。在令人愉快的合作中,她也确实非常出色地做了最主要的工作,没有她的努力,这本书是绝对不可能以这种方式在当下完成的。因此,我在此要特别地对章梅芳同学表示感谢,也相信她将来一定会在这一领域中做出更出色的研究。

在此,对厦门大学的郭金彬教授,我也要表达特殊的谢意,正是由于他的邀请和耐心、持续的督促,此项工作才完成并出版。

此外,此书的出版,得到了福建省社会科学研究"十五"规划重大项目"厦门大学中国科技思想研究文库"的资助。此书的写作,除了我所工作的清华大学人文学院科学技术与社会研究所及各位同事给予了理解与支持之外,还得到了中国妇女研究会、中国农业大学人文发展学院2004年重点资助课题"科技发展中的性别问题及其在中国的现实与相应对策研究"的资助支持,在此,笔者也要一并对之表示感谢。

此系为《性别视角中的中国古代科学技术》(刘兵 章梅芳 著,科学出版社,2005年出版)所写之后记。标题为收入此文集时所加。

13. 科学与教育

　　我是从 1982 年开始念科学史的研究生时,才真正接触到科学史的。作为一名学习科学史的研究生,除了做与学位论文相关的专业科学史研究之外,经常会想到,也经常被别人问道:科学史到底有什么用呢? 对此,我在后来写的一些文章,也涉及有关的思考,但实际上,从念研究生时开始,这种思考就已经导向了科学编史学的一些问题。

　　后来,将近 20 年前,在我也开始转向做一些科学编史学的研究时,就已经动过了要写一本有关科学史与教育的书的念头。不过,因为时机一直不成熟,结果只是陆陆续续地写了一些有关的文章,而在 1996 年出版的科学编史学专著《克丽奥眼中的科学——科学编史学初论》中,也曾专有一章讨论科学史教育的问题。在国内制订中学新课程标准的工作中,我作为初中、高中《物理》课标组的核心成员,更多地关注了科学史以及 STS 与教育的问题。从我个人来说,第一,因为从事科学编史学研究,科学史与教育的问题,是其中应用科学史的一个重要主题;第二,因为关注科学史与基础教育的问题,并做了一些相关的研究;第三,又因为长期在高校从事面向科学史、科学哲学专业研究生和面向其他非专业研究生的科学史教学,在这样的三重背景下,当上海交通大学科学史与科学哲学系的江晓原教授开始主编这套"科学人文丛书"并约稿时,我就主动地承担了这本《科学史与教育》的写作任务。

然而,由于近年来高校中教学与科研工作的负担日益沉重,再加上不断增多的各种社会上的学术活动,这本书的写作一拖就是几年。最后,我请由我负责指导的在读博士研究生江洋同学(她的研究方向也与此密切相关)与我合作,在以前工作的基础上,又做了进一步研究,并写成了这本书。在此过程中,江洋同学的工作非常出色,我要向江洋同学在与我合作完成这本书的写作中所付出的智力与体力劳动表示特别的感谢。当然,在此也要向我的好友、约我写作此书的江晓原教授表示感谢,要向以极大的耐心和惊人的执著不断地督促我完成此书书稿的责编吴东先生表示感谢,为其他对我写作此书提供帮助的朋友和同事们表示感谢。

科学史与教育,是一个越来越被人们关注,但系统的研究仍然不多的论题。在这本书中,由于研究所处的初级阶段,以及作者学识之所限,肯定有许多的不足与不当之处,在此也恳请读者提出意见。

当然,我相信,对于科学史与教育问题的研究,无论对于科学史的研究与发展,还是对于教育的研究与发展,显然都是有着重要意义的。在未来,在此领域中,肯定会有更多的研究者与实践者。因而,此书也就算是——依然用非常老套的话来讲——抛砖引玉的一次尝试吧。

谢谢这本书的读者!

此系为《科学史与教育》(刘兵 江洋 著,上海交通大学出版社,2008 年出版)所写之后记。标题为收入此文集时所加。

14. 过去、现在与未来

收到编辑这本集子的邀请时,非常高兴,又有些犯难。因为,主编的要求是文字应该是关于"环境和未来关系"方面的。而我,主业则是科学史,近些年来,关注现实问题的东西,如涉及科学技术与社会、科学文化和科学传播等方面的东西也写了不少,偏偏直接讨论未来问题的文章不多。其实这也与过去我对某些"未来学"的"偏见"有关,我认为那些有关未来的所谓预测性的东西非常的不靠谱,因而无论是阅读还是写作,都会有意不意地远离。

不过,经过了一段时间的思考,我发现,其实就我为什么要写那些关于历史和现实的文章的原因来说,又是有着一种真正是对未来的关心的指向的。接着,联想到在著名小说《1984》中,曾有一个很有创意的说法,即:"谁能控制过去就能控制未来,谁能控制现在就能控制过去!"

虽然,在《1984》中的这种说法,本来是针对那个被想象的极权政权的做法而给出的一个貌似荒谬的解说,但那种想象的可能性中的真实又实在让人很难抗拒。就《1984》这本小说本身而言，又何尝不是一本关于"未来"的预言性幻想小说呢？这个说法的意义，在于在过去、现在和未来之间建立了一种逻辑联系。按照同样的逻辑，即使抛开了那种极权政权的可憎作法的背景，在不同的情况下，比如仅就研究来说，过去、现在和未来之间的类似逻辑关系不是也同样可以成立吗？

在此基础上，再回过头来看看过去几年所写的一些东西，也似乎就在其中发现了一种与未来相关的逻辑关联。我们对于现在的认识，在某种程度上也是想要发现当下存在的问题，也是为了对这些问题的改进而让未来的发展更合理更美好，同时，现在的立场，又确实会影响到人们对于历史的理解、认识和书写，而历史的"功能"之一，又是对于未来的发展的可能"借鉴"。于是，就有了这本集子现在的以历史、现实和未来这种三部分划分的结构。在选择文章的过程中，也让我颇为惊讶地发现：我过去居然还真的写有一些与未来直接间接相关的文章呢！

考虑到此套丛书的定位，我选编的均为过去曾发表过的两类文章，一类是所谓的"非学术文本"，也即不是以学术论文的形式发表的东西；另一类是虽然也可以作为学术论文，但其写作风格更接近于"准学术文本"，同时在编辑的过程中，去掉了原有的参考文献，以免在形式上影响其可读性。

就像在电影中的蒙太奇技法,同样的素材在不同的剪切连接中,会给人以不同的视觉意义一样,按这种思路来总结自己的文字,也许会在不同的意义上使其产生某些新的意义。当然,我也希望独立地来说,这些文字自身也还有它们的某些价值。

其实,总体上讲,对于未来我是倾向于持相对悲观的立场的。不过,"知其不可为而为之",不也是人们经常用来褒义地形容某些努力的说法吗?

此系为《过去、现在与未来的关联》(刘兵 著,湖北科学技术出版社,2016 年出版)所写之自序。

15. 科学编史学研究

　　科学编史学,是我许多年来一直重点研究的领域之一。关心何为科学编史学,其学术价值何在等问题,在本书的序言中,以及在本书的内容里均有论述,这里不再多谈。

　　1996年,我在山东教育出版社出版的《克丽奥眼中的科学:科学编史学初论》一书的导言中,曾说过:"本书自然远未穷尽(也不可能穷尽)科学编史学的全部内容,只是对于笔者认为重要而且在现有研究条件下可先进行研究的若干问题,在西方对这些问题的有关研究成果基础上进行了一些讨论。因此,本书只是一种阶段性的研究总结,故名为'初论'。或者,用早已为人们所用俗了的说法,也可算做我国科学编史学研究的'引玉'之'砖'吧。当然,如有可能,笔者当继续为'续论'的问世而努力。"

　　后来,2009年,我在上海科技教育出版社出版的《克丽奥眼中的科学:科学编史学初论》(增订版)的后记中,又说道:"在此后的十多年中,我虽然一直在继续关注和研究科学编史学,但也越来越感到,仅凭一人之力,要相对较全面、较深入地再写一本续论的巨大困难,再加上后来其他的种种杂务也越来越多,所以,我采取了另一种办法,即在我指导博士和硕士研究生时,让他们也参与到科学编史学的研究中,选取了一些我希望研究但自己又无足够精力研究的编史学问题作为他们的学位论文方向。令人欣慰的是,他们中的许多人已经在这方面做了很好的工作。""我希望在不久的将来,能在我指导的那些学生的工作的基础上,以他们的学位论文为主要内容,再编一本更有前沿性的《后现代科学编史学》作为此书的姊妹篇。"

这部计划中的后续的科学编史学之作由于种种原因,到现在仍未完成,不过,在这些年中,我自己也还是写了一些涉及科学编史学的论文,而在我指导的包括专门做科学编史学研究方向的和其他研究方向的研究生(硕士及博士生)中,也陆续发表了不少科学编史学方面的论文。这些论文所涉及的内容,也基本上都是《克丽奥眼中的科学》一书(包括修订版)中未涉及或没有充分展开讨论的。因此,现在这本《科学编史学研究》,就是在这些论文中,精选出一些有代表性的或是有较重要意义的文章,汇集在一起,权可作为那本一直在计划中的科学编史学续论问世之前的中间阶段的成果吧。其实,这种汇集也有其自身的好处,即作为论文,讨论的方式,通常要比专著更加专门化、更加精炼、更有前沿性。在此汇编过程中,除个别字句为了适应全书的体例格式的统一而做了些许调整之外,基本上保持了原来论文发表的形式,但为了读者的阅读方便以及节省篇幅,将参考文献统一做了整理和标注,并一并列在书后。

可以说,这是我以及我所指导的研究生的一本集体研究之作。在这里,我要感谢这些与我合作的学生们,没有他们的努力,这些成果的问世也是不可能的。同时,在这里我还要感谢刘华杰教授对作者们的一贯支持以及为本书所写之序。感谢上海交通大学出版社韩建民社长对学术的鉴赏力和对本书出版的大力支持,感谢唐宗先的编辑工作。

最后,依然要感谢那些阅读此书的读者们,因为你们的阅读是使得这些研究变得有意义的重要方式之一。

此系为《科学编史学研究》(刘兵 等 著,上海交通大学出版社,2015 年出版)所写之跋。标题为收入此文集时所加。

16. 多视角下的科学传播研究

　　大约从 2000 年开始,我开始了对于科学传播(科普)的研究,并在清华由我所指导的硕士、博士研究及与我合作工作的博士后的论文选题中,将一些人的研究方向确定在科学传播方面。十几年来,我自己在这个领域中撰写了一些文章,也与我指导的学生们合作发表了一些文章,积攒下来,数量上也有几十篇了。这本《多视角下的科学传播研究》,便是从中挑选出来的一部分文章的汇编。对文章的选择标准,一是文章本身的相对质量,二是文章的代表性,三是其内容对于目前科学传播领域研究的意义。而且,尽可能地选取相对新近发表的文章。因而,这本文集,也可以算是对这些年来我自己以及我和学生的团队在这方面研究工作的某种总结吧。

　　科学传播研究的重要性,本文集中的文章已有诸多说明,这里不再多谈。这本文集的书名中之所以加上了"多视角"的说明,从目录中的分类略可看出其道理,其实这也与

57

我自己学术研究的风格和兴趣所在有部分关系。但更重要的,是我认为,对科学传播,既有可能,也非常有必要从不同的视角进行研究,只有这样,才能让我们对于科学传播这个非常复杂的问题获得相对全面的认识和理解。

本文集中所编入的文章,绝大多数都曾在不同的学术刊物或论文集中发表,也有两篇以前未曾发表。这次收录在这本文集中时,尽量保留了原来发表时的原貌,但仍然对每篇文章重新进行了校读,统一了格式,并对个别不妥的文字略有修改,删去了一些原来来自网络但目前已经无法再打开浏览的参考文献,并将各篇文章的参考文献统一列于书后,统一编目。在进行这些编辑工作时,徐秋石同学付出了大量的劳动,在此要特别对她表示感谢。

最后,要感谢我的这些学生合作者,在与他们的合作中,可以感受到年轻一代的活力。他们,将是未来科学传播研究的希望。

最后,还要感谢金城出版社的潘涛总编对本书出版的大力支持,感谢责任编辑宗棕辛勤的编辑工作。

此系为《多视角下的科学传播研究》(刘兵 等 著,金城出版社,2015 年出版)所写之后记。标题为收入此文集时所加。

17. 享受谈话中的不确定性

江晓原：刘兵兄，我们在《文汇读书周报》"科学文化"版的对谈专栏"南腔北调"，竟已经谈了整整四年了！这次结集出版，倒也让我想起许多琐事，值得稍微说一说。

首先是许多朋友对我们两人对谈的工作方式感到好奇。有一种猜测是，我们每次由一个人写成一篇文章，然后将这篇文章改编成对话体，如此交替进行。我知道有不少对话体的文章是这样写成的，但是我们的对谈却完全不是这样。和我们熟悉的朋友都知道，我们两人实际上是依赖网络，每次我写一段，从网上给你，你再写一段，再从网上给我，如此反复若干次，完成一次对谈。

这种做法有几种好处：一是可以充分利用零碎时间，忙里偷闲进行；二是两人相互启发，相互刺激——因为在写自己的这一段时，不知道对方下面一段会写什么，所以写作过程中就会有着相当的随机性、偶然性，或者说不确定性，这种感觉和一个人埋头写一篇文章是很不一样的。

但是,这种工作方法,似乎并不是任意两个人之间都可以使用的——我和好几个朋友做过对谈,但是有的灵感如泉、文章锦绣的朋友,却不适应你我之间的这种工作方式——他们或是一口气就将自己要说的话全部说完,或是不分你我,自己一写就已经写成一篇锦绣文章,这样就无法享受两人对话过程中的不确定性了。

刘兵:我们在日常生活中,一些不在一个城市甚至仅仅是不在一个单位而学术上又品味相投的朋友在偶尔像出差或开会等机会碰到一起,经常愿意聚在一起"神侃",尤其是在一些学术会议上,有时大家会感到会下的"神侃"经常比会上的正式交流收获更大。但对于不在"神侃"现场的人来说,也就无缘得知这些比会议正式内容更"重要"的东西了,因为会议总会有些正式的报道,以及会议论文的出版。

我想,我们这种对谈,很有些像这种朋友相聚时的"神侃",差别只是在于我们是通过网上的沟通,谈话者只有两人而已。其实,就像写日记本上是为了写给自己的一样,那种专门写给别人看的日记,就已经不是最原初意义上的日记了,而我们的网上对谈,在我的感觉中,也大致如此,我们基本上是在谈自己的感受,而并非刻意地要谈给别人听,尽管最后的结果是发表出来。

古人说,酒逢知己千杯少,话不投机半句多。虽然我很了解晓原兄原来基本不沾酒，后来虽有所变化，至多也不过是象征性地喝一点点，但对于聊天，却是非常的热衷。记得在许多次会议上，在会后可能的各种活动中，晓原兄最优先的选择，几乎总是聊天。但这种在网上定期有规律的聊天与那种随机的闲聊又有所不同，如果没有真正共同的学术意识（不是说具体的学术观点，因为各人的具体观点反而可能会彼此有所不同）和学术品味，要一直坚持四年恐怕也是很难的。

就我个人来说，我也把这种网上的对谈，或者说对聊，看做是一种对自己的思路的整理，而且是在有对手、有挑战、有激励下的整理，因而是另有一层收获的。

江晓原：我最感兴趣的是这种对谈中的不确定性，在享受这种不确定性的同时，我们进行着非常放松而随意的谈话。我完全同意你的看法，即我们的对谈"并非刻意地要谈给别人听"，所以每次我们的对谈都有一个原始版本，这个版本的篇幅是不受限制的，只有当我们感到可以结束这次谈话时——通常你会给出一个"有力的结尾"，我才动手删改成一个符合版面要求的节本，这个节本，则是为了供发表的，也许有一点点像"那种专门写给别人看的日记"？当然，由于最初是随意而谈的，所以还是比较鲜活。

其实此事和在电视上做谈话节目有类似之处。对这类节目有经验的嘉宾、编导或主持人都知道，谈话要谈得精彩，离不开谈话者之间相互激发的氛围（有时被称为"情绪"、"感觉"等），如果事先"过度沟通"，弄得大家都知道谁将说什么话，失去了不确定性，节目就会索然无味。我们两人也经常参加这类节目，也许正是这种经历，使得我们比较适应我们所选择的对谈方式？

这里我打算郑重提出，此次结集出版，我想就用我们每次留存的原始版本，至多只作极少量的修改，你看如何？

刘兵：我完全同意。保存原始的谈话感觉有其特殊的意义，除了现场感和历史感之外，也可以让原来以简本发表时一些意犹未尽的观点充分表达出来。

有一点需要说明的是，我们在《文汇读书周报》陆续发表的这个对谈系列所用的栏目名称是"南腔北调"，这里也可以有多重寓意，一是我们两人确实一南一北，二是这种颇有些另类的声音往往也不是正统主流的腔调，当然，人们也还会联想到前辈那本也是以此命名而且又名气绝大的集子，如果不算"跟风"的话，至少可以沾些"仙气"吧。

非常有趣的是，我们两人的对谈后来又发展到学术会议上的发言，甚至某些节庆活动上的演讲——有几个这样的对谈也收入了本书。你戏称这种学术会议上的双人发言是"学术相声"，虽属幽默，但也反映了某种形式上的真实。

现在已经有朋友开始在一些场合模仿我们的"学术相声"了。

最后，在此我还要特别指出——因为现在我们当然知道这个仍以对谈的方式写成的前言是要给读者看的，晓原兄在每次对谈的加工中都付出了不少的劳动，而这次对于这本最后结集的对谈，整理的任务又都交给了你，对于你额外付出的辛劳，我要在这里表示感谢。

我们还要感谢《文汇读书周报》的编辑周涵嫣女士和顾军女士，正是她们先后负责每月在《文汇读书周报》上"南腔北调"专栏的编辑工作。

我们还要感谢已故的周雁女士，是她最先建议我们将这些对谈结集出版。

我们还要感谢许迎晖小姐，承她厚爱，策划了本书的选题并担任责任编辑。

此系为《南腔北调——科学与文化之关系的对话》（江晓原 刘兵 著，北京大学出版社，2007 年出版）所写前言。

18. 出版科学家传记的意义

经过上海东方出版中心和编委会的努力,这套"科学大师传记丛书"终于能够陆续问世了。我们组织并编辑出版这套丛书,主要是出于以下两个目的。

首先,是着眼于科学家传记本身的功能。从科学史本身的发展来看,传记曾是科学史最古老的形式之一。即使在当代,传记研究也仍是科学史研究的主要途径之一。对于科学史,其在宣传和普及科学文化、增进公众乃至于学者们对科学自身的深刻理解等方面的功能自然无需多讲。但科学首先是一种人类的活动,因而相对于一般的科学史,科学家传记这种集中注意科学家个人活动的著作形式又有着其他类型的科学史所无法取代的独特优势和作用,并且对于完整地、准确地理解科学史也是必不可少的。正如美国科学史家威廉斯(L. P. Williams)曾说过的那样,一般而言,"要想写出具有普遍意义的,即把各种因素都考虑到的科学史是不可能的"。"然而,有一个领域,在其中可以精确地回答这些问题,并在历史的描述中定出这些因素的相对比重。我们能够找出社会学的、科学的、哲学的和科学机构等因素对单个科学家的影响,我们甚至还能够相当精确地估计出每一个因素对其科学工作产生的影响。简而言之,正是通过传记,我们才能捕捉到真实的科学史"。

其次,编辑出版这套丛书,也是着眼于国内的现状和需要。虽然传记的传统在中国也有很长的历史,人们甚至可以追溯到公元前2-前1世纪司马迁的《史记》,而在中国科学史萌芽式的著作中,在清代即有了像《畴人传》这样的科学家传记,但就现状而言,与国外对科学家的传记研究相比,尤其是在对西方科学家的传记研究方面,我们毕竟是相当落后的。这种局面的形成当然有若干客观的原因。例如,对于大多数中国的科学史研究者,且不说国内一般科学史文献的极度缺乏,要想接触和利用那些未公开发表的档案、私人通信等按当代撰写科学家传记的标准被认为是必不可少的资料,也是极其困难的。而作为科学家传记研究的基础之一,即国内学术界对于西方科学史的研究,普遍而言,也还远不够深入,甚至在许多领域和问题的研究上还接近于空白。近年来,虽然国内也出版了大量科学家传记类的图书,而且这类书籍的出版越来越成为热点,但平心而论,相对于国内这种大量出版的科学家传记,我们在学术的积累上也还是相当不够的。这尤其体现在国内对于国外学者(他们对西方科学家进行研究的条件和基础都要比我们有利得多)最新的、甚至经典的科学家传记的介译和了解的严重缺乏。因此,在国内系统地译介西方学者撰写的科学家传记,不论是对科学史的普及,还是对学术积累,其重要性都是显而易见的。

从对传记的研究来说,可以将不同类型的传记据其客观性做出相应的分类,包括从最客观的资料性的传记,到客观性很差的小说化的传记(fictionalized biography)乃至传记式的小说(fiction presented as biography)。科学家的传记也是一样,而且在撰写上又有其特殊的困难。西方学者汉金斯(T. L. Hankins)在其《捍卫传记:科学史中对传记的利用》一文中,曾对科学史传记的撰写提出了三个基本的要求:必须涉及科学本身;必须尽可能地把传记主人公生活的不同方面综合成单一的一幅有条理的画面;要有可读性。显然,符合这三条要求的科学家传记可以说是理想的,而我们在这套丛书中,所选择的传记也大致正是按照这些要求。从客观性、学术价值来说,我们选择的是那些有坚实的科学史研究基础的学者们所撰写的科学家传记(也包括一些由著名的科学家本人所撰写的有价值的自传);从可读性来说,我们是根据传记的内容进行选择,尽量把那些过分专业化和技术性的内部史(internal)类型的传记排除在外,而选择那些有相当部分的外部史(external)内容(也即涉及社会、政治、文化、哲学、宗教背景以及主人公与这些背景之关系)的传记,以兼顾研究者和一般读者的需要。有人曾讲,在一般情况下,科学家传记几乎可以说是科学史著作中唯一可能的畅销书,在保证学术质量的前提下,我们也力图在本套丛书中做到这一点。

当然,要高质量地组织出版这样一套丛书,从选题,到联系版权和翻译等,每一个环节都存在着巨大的困难。但无论从组织者、翻译者还是出版者来说,都是将此工作作为一项具有重大社会价值和学术价值的事业来做的。我们希望这套丛书能高质量地出版下去,为我国科学与人文文化的建设做出力所能及的贡献。

此系为"科学大师传记丛书"(刘兵 主编,东方出版中心,1998 年出版)所撰写的"编者的话"。

19. 认识科学

对于《科学文化读本》这本书来说,首先需要说明的,是何为科学文化?

要讲清什么是科学文化,还得从历史说起。

1959 年 5 月 7 日下午 5 时许,英国学者斯诺(C. P. Snow)在英国剑桥大学做了一次题为"两种文化与科学革命"的演讲。按照后来有人所做的回顾,斯诺在他的这次演讲中,"至少做成了三件事:第一,他像发射导弹一样发射出一个词,不,应该说是一个'概念',从此不可阻挡地在国际间传播开来;第二,他阐述了一个问题(后来化成若干问题),现代社会里任何有头脑的观察家都不能回避;第三,他引发了一场争论,其范围之广、持续时间之长,程度之激烈,可以说都异乎寻常。"

斯诺在他的这次演讲中,首先指出,他相信整个西方社会的知识生活日益被分化成两极的群体,其中一极,是所谓的文学知识分子,而另一极,就是科学家。在这两极之间是一条充满互不理解的鸿沟,彼此缺乏了解,甚至于形成反感和敌意。非科学家大都认为科学傲慢和自大,认为科学家是肤浅的乐观主义者,不知道人类的状况。而科学家则认为文学知识分子完全缺乏远见,尤其是不关心他们的同胞,在深层次上是反知识的,并且极力想把艺术思想限制在有限的时空。相应地,这两群人分别代表了不同的文化,即科学文化和人文文化。以科学家一方为例,虽然其阵营的成员间也并不是完全地相互理解,但他们又的确有共同的态度、共同的行为标准和行为模式、共同的研究方法和假设,这种共同性是十分深远和广泛的,甚至能够穿越其他精神模式,如宗教、政治或阶级模式。但是,在对于当下社会产生了如此深远影响的科学与相应的科学文化,另一方却有着完全的不理解,而且他相信这种不理解会将其影响扩散到其他方面。这种不理解使整个"传统"文化有一种非科学的味道,而且这种非科学的味道经常会变成反科学,从而对一极的感情就变成了对另一极的反感。

斯诺在详细地论证了科学文化和人文文化这两种对立的文化的存在之后,明确地指出了这种文化上的分裂将会给社会带来巨大的损失。因为文化的分裂会使受过高等教育的人再也无法在同一水平上共同就任何重大社会问题开展认真的讨论。由于大多数知识分子都只了解一种文化,因而会使我们对现代社会作出错误的解释,对过去进行适当的描述,对未来做出错误的估计。

对于两种文化分裂的原因,斯诺认为主要在于人们对于专业化教育的过分推崇和人们要把社会模式固定下来的倾向。因此,要改变这种状况,只有一条出路,即改变我们的教育。

在斯诺之后,随着时代的发展,两种文化已经具有了与其最早提出时有所不同的内容,其间的沟通、融合问题,也表现出相应的发展与变化,而在不同的时期,这些不同的表现形式与内容仍然在不断地引起人们的注意,成为斯诺命题的延伸。

在斯诺最原始的关于两种文化的演讲中,他提出的"科学文化"和"人文文化",本来是指为科学家共同体和文学知识分子这两个群体所分别拥有的"文化"。后来,在许多其他人的用法中,与人文文化相关的群体,被扩大到范围更广的人文知识分子,或者说,人文文化是指与人文社会科学研究领域密切相关的文化。而且,斯诺在其"再看两种文化"一文中,还曾提到了"第三种文化"的概念。虽然他并没有对此给出确切的定义,但从他呼吁要沟通被分裂的两种文化来看,第三种文化大致应该是一种融合了科学文化和人文文化的"新文化"。他这样讲:"说第三种文化已经存在可能为时尚早。但我现在确信它将到来。当它来的时候,一些交流的困难将最终被软化,因为这一文化为了能发挥作用必须要说科学术语。然后,如我所说,这场争论的焦点将转向对我们所有人更有利的方向。"

在后来的发展中,也经常有人提及"第三种文化"。例如,几年前一本名为《第三种文化:洞察世界的新途径》的书,作者认为,"第三种文化引起人们广泛的注意靠的并不仅仅是他们的写作能力,那个传统上被称作'科学'的东西,今天已经变成了'大众文化'。"由此可见,那位作者实际上是把来自与一般公众直接进行交流的科学家们的思想和工作与"正在浮现的第三种文化"相联系。但这显然并不是斯诺原来意义上的第三种文化。甚至于因为其更偏重于科学的一方面,忽略了人文的立场,因而,并不一定有利于解决两种文化分裂的问题。

近些年来,国内一些学者则在另外一种意义上使用"科学文化"这个词,即立足于对科学的人文研究,以人文的视角来考察科学,尤其关注科学在社会、文化和大众传播方面的内容。而这样一种含义的"科学文化",也非斯诺原来所用的"科学文化"的所指,而与他所说的"第三种文化",以及像科学史家萨顿提出的"新人文主义"(或科学的人文主义)有相近之处。本书所用的科学文化的概念,就是在这种意义上的。

实际上,在国际范围内,在今天,人文学科及其相关的文化的地位也仍是充满了争议的,在一些比较极端的唯科学主义人士的眼中,也仍然有着对人文的蔑视。当然,在中国,这个问题可能表现得更突出,而且在表现形式和意识形态背景上也与西方有所不同。如果说在斯诺生活的时代,在斯诺的眼中,两种文化的分裂更主要地表现在人文知识分子那一方对科学文化的无知与轻视,那么在今天,随着科学在人们的社会生活和意识形态中所产生的更为巨大的影响,其所导致的对于人文文化的轻视也许比斯诺的时代要更为突出。我们可以回想起萨顿的一段话:"科学是必需的,但只有它却是很不够的……科学史证明,科学对任何人和任何社会都是有价值的;同时它也证明了科学的不足。"

前面的讲的问题,总结起来,无非两个要点:

第一,科学与人文之间存在分裂。其实,在我们国内一些年来的教育体制中也同样存在着这样的分裂。因而,我们的任务就是应该做出一切的努力来弥合这种分裂。

第二,为了解决科学与人文的分裂问题,我们应该倡导科学文化的传播与普及。我们这里所说的"科学文化",是在最新的意义上,指将科学与人文相结合而形成的那种文化,它包括以人文的立场来看待科学,也包括从科学的立场来看待社会文化问题。

在当代的科学普及中,主要涉及两部分内容:一部分与具体的科学知识相关;另一部分,则是仍在与科学知识相关的前提下,更为关注与科学有关的其他方面,或者更简单地说,也就是关注对于科学的人文审视。

对于普通公众来说,两者都是重要的,缺一不可。

对于大学生来说,更是如此。作为意在提高大学生的文化素养(在这里具体地可以说是科学文化素养)的这个读本,在选编时,编者并不刻意追求系统性和专业性,而是更为注重可读性,更多地注重科学的人文意蕴。

我们希望,利用此书,在一种更为轻松随意的阅读中,读者能够增加对于科学的人文理解。

此系为《认识科学:科学文化读本》(刘兵 编,中国人民大学出版社,2004年出版)所写之序。标题为收入此文集时所加。

20. 亲近绿色——邀读者同行

　　这个世界，说简单可以简单得只剩下一句话，"只有一个地球，人类应该同舟共济"；说复杂，便复杂成"全球问题综合体"，千交百结，牵一发而动全身。

　　有些游戏可以双赢，许多打斗却注定双输，人类与自然界的抗争即是双输的典型。

　　曾几何时，绿色铺满视野，春天百鸟叫，后山狼成群。可是，人类不愿与"异类"共享这个世界，执意要成为万物的主宰——人类"赢"了，"征服"了自然界，自己同时却也败得涂地难收——在大自然成为需要人类保护的对象的时候，人类也亲手毁掉了自己曾经无限美好的家园。

　　在人类为自己构建的霓裳虹彩、五光十色的城市中，绿色淡隐了；在"发展中的"辽广绵延的乡野山村里，绿色被玷污了。人类"主宰"世界了，生存环境和未来前途中也危机四伏了。一部分有识之士开始清醒，清醒后的人们所向往的绿色，已不只是在最初从无机界合成有机质的植物细胞器——

叶绿体中的叶绿素的自然颜色,它还指现今人类保护生态环境、修复自然的行为和引导新时尚、建设新文明的事业。

自然界中的生物,都是我们的同类,自然界的山川湖海、土壤、空气、矿脉都是我们无机的身体。宇宙无垠,地球只是其中一叶孤行的扁舟。人类或许还没有足够的能力彻底毁掉作为一个星体的地球,但却有能力毁掉一个适于人类生存的地球。因此,善待自然也便是人类自珍自重。如今,在人类的环境意识已经觉醒之时,迫切需要的是我们每一个觉醒后的个体将绿色意识付诸行动——改变既成的生活方式,追随绿色时尚,建设绿色文明。

我们每一个人都是人类社会与自然环境的接口,保护环境、拯救地球的事业就在我们的生活细节中。为了十几年前的春天还可以让我们衬着蔚蓝澄澈的天空仰望盛开的杏花和玉兰的自然;为了利奥波德笔下几十年前还曾有数百种鸟雀共栖一树婉转啁啾的自然;为了沟壑万千、百川纳海、磅礴浩瀚、婀娜娇艳,"万类霜天竞自由"的自然,为了我们的子孙后代的子孙后代……让我们从一点一滴做起,从身边小事做起。

让我们亲近绿色,一路同行。

此系为《保护环境随手可做的 100 件小事》(刘兵 主编 张亚力 绘画,吉林人民出版社,2000 年出版)所写之序。

21. "101 件小事"

在 21 世纪的第一年,2000 年,也是由本书这些作者、绘图者和编辑,在吉林人民出版社出版了《保护环境随手可做的 100 件小事》一书。那本书出版后,引起了较大的反响和影响,曾不断重版。但 10 年的时间,世界上的事变化也大,也不大。保护环境,这个大事是不会有任何根本性的变化的,但人们的日常生活却变化不小,如果才能更好地从日常生活中的一点一滴做起来保护环境,也应该有相应的调整。因而,此书是在原来那本《保护环境随手可做的 100 件小事》的基础上,删去了若干条内容,留下的条目,也大多被重新编写,而且,也重新设定了若干条目。可以说,在很大程度上,此书又是在新形势下的一本新书。

作为普通公众,参与到保护环境中来,有许多方式。最重要的方式之一,就是从个人日常生活中的一点一滴做起,以一种保护环境的生活方式来生活,这即是个人的选择。当做的人多时,也会相应地在更大范围内产生连锁的影响。

说到保护环境的生活方式,其实,具体有多少件小事可做,这并不是最重要的,本书列举的 101 件小事,也不能穷尽所有的可能,只是以这种方式来提醒、启发读者,让人们意识到每个人都可以身体力行地从日常生活做起,为保护环境做出自己的贡献。读者完全可以按照这个思路,在个人的日常生活中,发现更多为保护环境而随手可做的"小事",这对于整个社会来说,就是了不起的"大事"了。

关于保护环境的活动,不同时期也有不同的热点说法。例如,近些年来,随着"全球变暖"受人关注,"低碳生活"也随之成为热门的说法,其实本书中所列举的做法,绝大部分同样也是"低碳生活"的做法。用什么说法,也不是最重要的。最重要的,是为了保护环境,从我做起,从"小事"做起。

本书中所说的各项"小事",其实要真的在生活中被实践,也并非很容易,但我们也看到目前社会上,正有越来越多的人,在努力以环保的方式生活着。套用过去的一句名言,或许可以说,一个人随手做件保护环境的小事并不难,难的是在生活中只做这些保护环境的小事,不做不利于环境保护的事。而这种"难",却正是应该为我们所追求的生活方式。

保护环境,既是为了今天和生活在今天的我们自己,也是为了未来和生活在未来的后代,对此,每个人都可以通过改变生活方式,以从"小事"做起的方式参与进来,做出贡献。

　　此系为《保护环境随手可做的 101 件小事》(刘兵 主编,北京理工大学出版社,2010 年出版)所写之序。标题为收入此文集时所加。

22. 天地有大美而不言

审美和求知是人类自在的天性,与生俱来。当童年的人类睁开惊奇的眼睛面对世界之时,对知识的习得和对美的感受是同步的。大自然是人类的生境,也是人类的遭遇。大自然既平淡浅近又神奇诡奥,温暖明媚和恐怖狰狞在大自然是一体的,而在人类却是难以化解的巨大谜团。为了生存,人类需要条分缕析地去认识和体察自然的细节——分工出现了。分工使科学和艺术异径而走,分工也分化了人类的心智,分化了审美和求知。于是,艺术在追求审美之中疏远了规律,科学在追求规律之中遮蔽了审美。

尽管在科学和美学领域中,关于科学和美之本质的争论一直没有停止过,而且研究者们至今仍未就此类问题取得完全的共识,但这丝毫不影响人类的科学和审美实践。在人类对于自然和科学之美的感悟上也是如此。在像艺术之类的领域中,几乎从远古时代起,对美的追求就是最原初、最基本的目标;但在自然和科学的领域中,与艺术领域有所不同,对于自然之美和科学之美一定深度的领悟需要有一个先决的条件,即对自然的认识、科学的发展要达到一定的程度。而且,分工日久,分化愈深。

20世纪50年代末,英国学者斯诺提出了关于科学文化和人文文化这"两种文化"以及其间之分裂的重要论点。其实,人们在传统中主要来自艺术中的对"美"的研究与追求,以及在对自然的认识和科学的发展中的对于"真"的追求,大致就分属于这两种文化。早在19世纪,英国著名博物学家赫胥黎就意识到:"科学和艺术就是自然这块奖章的正面和反面,它的一面以感情来表达事物的永恒的秩序;另一面,则以思想的形式来表达事物的永恒的秩序。"

在自然,美和真是一体的;在人类,审美和求真也是互渗互动互补的,如本"译丛"中《生命的曲线》作者所言:

> ……无论是人工制品还是天然物品,形态的"丑陋"必然表明其功能的缺陷,而某些必要功能的完美形式往往伴随着"美"的外形。……工程学效率始终与美学相得益彰。……凡精巧之建筑,其设计基础无不意味着纯结构之美。我们一直在研究贝壳的形态,经过认真的考察认识到,许多引起我们美学遐想的主要原因就在于贝壳的美丽外形,这不仅是贝壳中的生物对定点生活适应的结果,而且是其精巧外形更能履行特

殊功能的结果……同理可知，一座工程学的丰功伟绩，无论其体积大小，在完成其应履行职责的同时，同样要唤起微妙的美学情感。在这个方面，它与可爱的花朵或贝壳所激起的美学情感是一致的。

科学从其源头到其精神本来就都是人文的。随着社会历史的发展，科学在推动社会进步的全部意义上为人文提供助力、提升境界的同时，自身也出现了向人文的复归和呼求。

在斯诺之后，弥合两种文化之分裂的努力日见其盛。当代科学史的奠基人萨顿将科学史视为沟通两种文化的桥梁。在某种意义上讲，对于自然及科学的美学研究也正是沟通两种文化的途径和努力之一。萨顿曾将分别对应于"真"、"善"、"美"的科学、宗教与艺术形象地比喻为一个三棱锥塔的三个面，并认为："当人们站在塔的不同侧面的底部时，他们之间相距很远，但当他们爬到塔的高处时，他们之间的距离就近多了。"在这种比喻中，顺理成章的推论不难想见，随着高度的不断上升，真、善、美将愈发接近，并在最高点达到理想的统一。由此可见，我们以往之所以认为科学文化与人文文化相距甚远，将自然、科学与美相分离，只是因为我们所站的位置高度不够。

实际上，在众多从事具体科学研究的杰出人物那里，我们经常可以看到有关科学之美和自然之美的论述，只是这些论述大多属于个人直觉的体悟，还不够系统，更像是一些思想的闪光而已。在科学界，以及在人文社会科学界，也有众多的有识之士提出要将科学与艺术相结合。这种结合其实也正是对于科学之美的一种认识和把握。但是，我们同样也应该看到，科学与艺术的结合可以有不同的方式，是将这两者牵强地硬拉在一起，还是有机地融为一体，结果是大不一样的。可以说前者是一种努力，而后者是一种境界，也是一种理想文化的本真。此外，如果说在初期，人们一般性地谈论自然之美和科学之美还是一种洞见的话，随着认识的发展，则需要将这种认识更加深化，也就是说，需要更加认真地对待，需要在这方面进行深入、具体和细致的研究，将它作为一门学问来思考。这门学问，就是所谓的科学美学。

在广义上讲，科学美学可以包括对于自然之美和科学之美这两大类问题的研究。将自己的内容诠释为"自然之美，科学之美"的"大美译丛"也正是在这一意义上的一套科学美学类丛书。丛书之名为"大美"，因由《庄子·知北游》中之"天地有大美而不言"。大美之大取其至、达、超拔，自然天成、臻于化境，非人力所能造作、非凡俗之念所可是非，取其与"道"之相通的内涵。当然，就其字面含义亦可取其"范围广"、"程度深"的词意。在这种意义上，"科学"

之"大美"既包括天地造化之美,也包括作为人类对于天地认识之形式和结果的科学之中体现出的逻辑、理性、和谐、规律等之美。我们还可以注意到,《庄子》在"天地有大美而不言"之句后,尚有"四时有明法而不议,万物有成理而不说。圣人者,原天地之美而达万物之理"的说法。按照上述的理解方式,我们甚至可以将其看做是对美与科学以及科学方法之联系的隐喻,尽管这种理解有强加古人之嫌。其实,对于自然之美与科学之美的认识和了解,显然也有助于我们对于自然与科学之自身的更加深入的认识和了解。

按以上之分析,广义的科学美学的内容,也即对于自然之美与科学之美的认识和审美提升,应属于科学文化的一部分,而且是其非常重要的一部分。鉴于国内对此领域的深入研究之缺乏,我们选择了引进翻译国外有关重要论著的方式。不过,即使在国外,这些研究也是非常分散的,也还没有像其他一些相关领域——如一般美学和科学哲学等——的研究那样形成规模。因此,我们在策划此套丛书和确定选题时,对原著的选择余地会受到很大的限制,要从文献海洋的边边角角中将科学美学的重要代表作筛选出来,难免会有明显的遗漏,再加上获取版权的困难,又不得不再次对一些初选的佳作割爱,这使得本丛书涉及的范围和规模受到不少影响。尽管如此,在本丛书现有的选题中,还是涵盖了几个最重要的方面,如关于自然界和艺术之中美的典型体现之一——螺旋——的研究、关于美与科学革命之关系的科学哲学研究、关于人们对所认识的天体与音乐、数学与音乐共同之规律和美感的研究,关于艺术与物理学之关系的研究,等等。

常言道,爱美之心人皆有之。除了有着某种科学训练背景的读者之外,对于那些对科学、艺术与美学感兴趣的人文社会科学界的读者,特别是美学、哲学研究者,此套丛书的内容也会是可读而且具有吸引力的。从出版的角度来看,在目前国内的科学文化出版物中,有关科学美学的书籍差不多接近于空白,而这种空白也正说明了我们策划出版这套"大美译丛"的意义之所在。

此系为"大美译丛"(刘兵 主编,吉林人民出版社,2000－2003 年出版)所写之序。标题为收入此文集时所加。

23. 补天

在"木犁书系"中,如今又增加了一个新的子系:补天文丛。单从名称看,其中的寓意似乎不难理解。女娲补天的传说早已经是我们的文化传统中很基本的常识性内容了。有意思的是,同样是在中国的传统文化中,"天"的概念本来就是多义的,既可指自然之天,也可指义理之天。在这里,我们倒不妨站在某种当代的立场上,将其"合一"起来,借指我们对自然的理解和认识,也就是我们的科学。

谈到科学,同样也是在更现代的立场上,我们并不仅仅认为只有那些既成的具体的科学知识才是它的全部。与科学知识相共生的科学精神、科学文化、科学方法、科学态度,也都可以被认为是科学整体的各个重要的组成部分。在对科学的普及和传播的过程中,对于科学知识的"硬内容"和这样一些与之相伴的"软内容"的关注,也是同样需要兼顾而不可厚此薄彼的。对于科学界以外包括其领域的学者以及范围更广的广大公众来说,后一部分内容甚至也许更加重要,只有理解了这些内容,才能够更加深入地理解科学究竟是什么和科学究竟意味着什么。

但是,在国内以往的科学普及和传播工作中,传统的科普,也即只注重对具体的科学知识的传播和普及,一直占据了主导的地位。随着科学、文化和社会的发展,也随着与国际相接轨的过程中对更先进的科普理念的学习,国内现在已经有越来越多的学者开始意识到类似于"公众理解科学"那样新式的科学传播工作的重要意义。在这样的工作中,占首位的,就是对于科学精神、科学文化、科学方法、科学态度的研究和传播。从另一个角度来讲,这种努力也正是国际和国内大背景中所谓要沟通两种文化的努力的一个重要组成部分。

不过,有了观念上的改变仅仅是第一步,更重要的,是将观念诉诸行动。当然,我们看到,在社会上,在学术界,致力于此的大有人在。他们,就是在科学传播领域中可敬的"补天者"。但无可否认,我们与其他在科学本身的研究和发展、科学传播工作、科学文化研究等方面做得更好的国家相比,在水平上有不小的差距。这也意味着,要马上就拿出与新观念相适应的大量大部头的著作来满足学术界和公众的迫切需求,一时还有很大的困难。因此,在这部文丛中,我们选择的方法是,将目前那些已经公开发表的,以及部分尚未公开发表的与科学精神、科学文化、科学方法、科学态度等内容相关的短篇文章,还有一些精彩的访谈等汇集起来。这种集成多人成果,集中而且及时体现在科学文化和科学传播领域中"补天者"们最闪光的思想的做法,也许在目前阶段是可取、可行而且产生效果和影响最快的一种办法。

在我们的科学文化研究和科学传播的领域中,希望能有更多的"补天者"加盟。毕竟,我们是在"同一片蓝天下"。

此系为"木犁书系·补天文丛"(刘兵 总主编,福建教育出版社,2002 年出版)所写之总序。标题为收入此文集时所加。

24. "三思评论"

作为大型的科学文化丛书"三思文库"的一个组成部分,系列出版物《三思评论》第一卷,从今天起正式与读者见面了。

《三思评论》的宗旨是,宣传科学精神,弘扬科学文化。"三思"者,Science 之谐音也。在今天,科学深刻地影响着我们社会生活的各个层面。但从根源上讲,近代科学本是诞生于欧洲,与这种意义上的科学相关的科学文化当然也就不是中国传统的产物。自从近代科学被引入到中国后,从某种意义上讲,虽然获得了很高的敬重,甚至被用来作为救国之道。但在这种敬重之下,科学在中国的发展并非一帆风顺,科学的教育和科学的普及也远不尽如人意。造成这种局面的原因是很多的,但其中最重要的原因之一,可以说是由于在很长的时间内,我们注意引进和发展的,主要是科学的技术性内容,而在很大程度上忽视了科学的精神和文化的方面。例如,历史上就曾有过仅仅为了"用"的目的而学习"西学"（主要是科学），却将其作为"体"的功能排除在外。因此，要想让科学真正在中国扎根并发展繁荣，对于科学文化和科学精神的宣传和弘扬将是一件十分重要且必不可少的工作。

目前，在人文、社科领域，各类有关的书籍，特别是各种刊物，正呈现出发达兴盛的势头。但就科学文化来说，则是另一种情形。例如，还没有一份面向广大读者并从形式到内容专门致力于宣传和评论科学文化及科学文化类书籍的刊物。系列出版物《三思评论》的编辑出版，也正是为了弥补这一空白。

科学的概念，在不同的语境下，本来有着理解上的巨大差别。我们的编辑思想，取一种最广义的理解，而且更为注重的是，对科学精神实质的把握。在这种理解与把握之下，对于与科学文化相关的各类重要问题，《三思评论》都将采取宽容的态度，让不同的学术观点得以表达，以期在真正体现了科学精神的平等的探索和讨论中，突显真知灼见。

常言说，万事开头难。但开头本身，正是有意义的显示，知难而上，更是科学探索的作风。我们将编辑出版《三思评论》作为一项艰苦但值得为之奉献自己微薄之力的事业，也诚挚地期望着来自广大读者的支持。

三思科学精神，评论科学文化，任重而道远！

此系为《三思评论》系列丛书（刘兵 执行主编，江西教育出版社，1999 年出版）所写之"开场白"。标题为收入此文集时所加。

25. 关于《新科学读本》

　　如今,人们几乎普遍地承认,在我们的教育中存在一些严重的问题。教育的问题是一个为全民所关心的问题。家长关心孩子的成长,孩子作为受教育者自然对当下教育存在的问题有着更深切的直接感受。教育的问题又是多方面的、极为复杂的,很难通过一两项具体的措施便得以解决。但当我们面对现实时,又无法一时同步地解决所有相关的问题,因而一些具体的改革性工作在某种程度上也还是必要的。这套面向从小学到高中学生的《新科学读本》,就可以说是这样的努力之一。

　　一个重要的背景,是人们对于"两种文化"之分裂的关注。

　　如果不谈更为久远的历史,至少自 20 世纪中叶以来,在国际背景中,教育(包括科学教育和人文教育在内)改革发展的一个重要的方向,就是努力沟通长期以来被人为地割裂开来的在科学文化与人文文化之间的鸿沟。这样的努力一直延续至今,在近年来国际上许多重要的教育改革文献中,我们都可以非常清楚地看到这种努力的具体体现。

在中国,近年来随着基础教育改革的深入,新课程标准的制订也在相当程度上体现出了类似的倾向,这种倾向特别体现在对于科学探究、科学的本质、科学技术与社会的关系等方面的强调,以及相应地明确提出的科学教育对于培养学生的情感、态度、价值观方面的作用。

在如今这样一个科学和技术已经如此深远地影响了人类社会生活和思想文化的时代,作为一个理想的公民,具备适当的科学素养已是重要的前提条件之一。这里讲公民,讲科学素养,一层含义是说我们进行科学教育的目的并不只是为了培养科学家,特别是在基础教育阶段,科学教育应是一种面向全体学生的教育,从绝对数量来说,所培养的对象在其未来的发展中更大的可能是从事科学研究之外的工作。一个可以参照的标准是,《美国国家科学教育标准》将学校科学教育的目标规定为4项,即培养学生能够:

(1) 由于对自然界有所了解和认识而产生充实感和兴奋感;

(2) 在进行个人决策之时恰当地运用科学的方法和原理;

(3) 理智地参与那些就与科学技术有关的各种问题举行的公众对话和辩论;

（4）在自己的本职工作中运用一个具有良好科学素养的人所应具有的知识、认识和各种技能，因而能提高自己的经济生产效率。

美国人认为他们设定的这些目标勾画出来的是具有高度科学素养的社会的一个大致轮廓。美国人的目标有他们的特色，但其中不乏值得我们借鉴和参考之处。

虽然中国的教育改革呼声甚高，也有了像新课标制订和新课标教材的编写使用这样一些具体的措施，包括在这些措施背后所蕴含的诸如沟通两种文化等观念的普及，但在现行的体制下，现实地讲，仅仅依靠学校教育中体制化的科学类课程教育，还是很难达到前面提到的那些目标的。因为我们虽然现在强调素质教育，但毕竟不可能在很短的时间内彻底摆脱应试教育的传统，也由于许多其他条件和因素的限制，在学校体制化的、正规教育的有限课时内，也难以容纳过多的、但对于理解科学、认识科学却是十分重要的内容。

与此同时，在与学校的正规教育相对应的、在传统中被称为"科普"的领域，长期以来主要的工作大多属于非正规教育的范畴。在这个领域中，从思想内容、传播理念，到具体形式和内容上，近些年来也有了相当迅速的发展。其中，国内科普的发展也受到了像国外的"公众理解科学"等领域的工作的影响，受到了来自像科学哲学、科学史、科学社会学等对科学进行人文研究的领域中的工作的影响。这些发展,与正规基础科学教育中的趋势是大致相同的,但又比传统的正规教育更加灵活,能够更及时地汲取来自对于科学的人文研究前沿的一些新成果、新观念。

如果能够把更靠近传统的、正规的基础科学教育的长处,与以非学校正规教育为主的科普(或称"公众理解科学""科学文化传播"或干脆简称"科学传播")教育的优势相结合,显然对于学生科学素养的培养与提高是大有益处的。这也正是我们编这套《新科学读本》的意义之所在。

说到"新科学"的概念,其实早就有人用过。其中最有名者,莫过于哲学家维柯的经典名著《新科学》,但维柯是在将历史、语言学、哲学都包括在内的非常广义的意义上使用"科学"的概念的。我们还可以注意到,20世纪上半叶,美国著名科学史家、当代科学史学科的奠基者萨顿,曾大力地倡导一种将科学与人文结合起来的人文主义,或者用他的说法,即科学的人文主义,他也将之称为"新人文主义"。类似地,在我们这里,我们使用"新科学"来命名这套读本,也是努力要将长期以来处于严重分裂状态中的科学与人文相结合,力图在介绍传统的具体科学知识的同时,将更多的与科学知识相关的人文背景、社会环境、思想文化等"外部"因素结合进来,以一种人文立场来观察和了解科学。这与前面所讲的国际潮流和国内教育改革趋势也是一致的。

许多年来,特别是近些年来,国内出版了许多有关上述内容的书籍和刊物,其中不乏精品,但由于这些精品散见在大量不同类型的书籍和报刊中,不利于普通读者在有限的时间内最有效率地阅读,而且考虑到面向在校学生(当然此套书的读者对象绝非仅限于在校学生,它的潜在读者范围应该更大),我们针对从小学到高中不同年龄、处于不同学习阶段的读者的特殊性,从极为大量的书籍报刊中,选出了这套读本的内容。其中小学、初中和高中部分分别由不同的编者选编,所选编的内容在一定程度上带有某种人色彩,但在整体倾向上,整套书的立场却是相同的。

在小学部分的几卷中,除了有关科学知识、科学的方法、科学家的责任、科学与非科学方面的内容外,也经常以一种相对广义的理解来把握科学,甚至包含了一部分民俗、风物、游记、科学文艺等内容。在这几卷中,博物学是一个非常突出的主题,这既是对于长期以来正在逐渐丧失中的与数理实验传统不同的博物传统的一种恢复和强调,也更适合于小学生拓展眼界、关注自然的需要。

在初中部分,编者基于对两个事实的考虑,一是学生人生阅读花季的到来,理性思维随之开始启动,二是学生开始系统地学习相对分化的学科知识。针对这两个考虑,编者很有特色地强调的是,选择那些有利于让学生理解知识的创造过程,强调充满好奇心的思维,传达科学家们是如何在从事科学研究中动态地思考的文章,以避免学生在学习中产生把书本上静态的知识当作唯一的科学知识的误区,让学生能够理解何为"智慧"、何为"成功"、何为"成就",甚至于何为"有意义的生活",如此等等。

在高中部分,由于学生已经相对成熟,并掌握了一定的科学知识,因而,选文更为注重理性的思考,关注科学与其他领域,特别是科学与社会的复杂关系,力图更为整体、更为全面地理解科学。

总的来说,尤其是小学部分,此套丛书所选的文章初看上去可能有些显得艰深了些。但这也是有所考虑的,在许多教材和课外读物中,我们经常会听到一些学生的抱怨,说教材和课外读物的编写者们过分低估了他们的智力,使他们丧失了阅读的兴趣。更何况,这套书作为一套具有一定挑战性的读物,对于阅读和理解的要求与正式的科学课程的要求也有所不同,而且构成了对于那些学习内容的重要补充。其实,这里所注重的,并不是要求学生读懂每一句话每一个字,并不要求学生在阅读之后"记住"了多少具体知识,许多问题也不存在唯一"正确"的答案,相反,最重要的,是让学生通过阅读去独立地思考,在独立思考的基础上形成自己对于科学的理解。

此系为《新科学读本》丛书(刘兵 总主编,北京大学出版社,2004 年出版)所写的总序。标题为收入此文集时所加。

26. 点评伽莫夫的《物理世界奇遇记》

伽莫夫与斯坦纳德所著的《汤普金斯先生的新世界》一书,可以说是一本科普名著。而且,这本名著本身的演变还有一段很曲折的历史。

先应该简要地介绍一下伽莫夫其人。

伽莫夫(1904－1968),系天才的俄裔美籍科学家,在原子核物理学和宇宙学方面成就斐然,如今在宇宙学中影响最为巨大的大爆炸理论,就有他的重要贡献,甚至于在生物遗传密码概念的提出上,他也是先驱者之一。

除了科学研究之外,科普,也是伽莫夫的重要并且极有成就的领域。早年在哥本哈根随量子物理学的一代领袖人物玻尔学习时,在玻尔的弟子当中,他就以幽默机智著称。从他的著作中,我们也可以看出其深厚的科学素养和人文素养。他的科普写作数量虽然没有像阿西莫夫那样的多,但本本都有其自身的特色,并且长年拥有大量的读者。从1938年起,他就发表了一系列科学故事,其中成功地塑造了一位名叫汤普金斯的主人公,通过他的各种经历来传播物理学知识。1940年,他将第一批故事汇集成他的第一部科普著作《汤普金斯先生身历奇境》。1944年,他又将后续故事汇集成《汤普金斯先生探索原子世界》一书。因受读者欢迎,1965年,伽莫夫重新补充新内容,将两书合编为《平装本中的汤普金斯先生》。1968年,伽莫夫去世,但身后这部著作依然是广受欢迎的科普名著,此后由于物理学和宇宙学等学科在迅速发展,使得书中的内容略显陈旧。在此情况下,剑桥大学出版社大胆邀请了英国著名科普作家斯坦纳德对该书进行全面更新和补写,于是,就成了眼下的这部著作。

伽莫夫在20世纪60年代的版本,以及经斯坦纳德修订补充的新版本,都曾有过中译本,均名为《物理世界奇遇记》,分别由科学出版社和湖南教育出版社出版。有人曾说过,20世纪70年代末科学出版社的中译本,几乎影响了当时国内一代人对物理学的理解和兴趣。不过,后来由湖南教育出版社出版,收入"世界科普名著精选"丛书中的中译本《物理世界奇遇记》(最新版),与这里的英文版在内容结构上又略有不同。

伽莫夫的这本书,可以说是既好读,读起来又有些困难。说好读,是因为伽莫夫的特殊杰出的学识、修养、幽默感和想象力。如果不谈他那些重要的科学贡献,仅就科普著作而言,也足以作为一位兴趣广泛的天才而让人们记住。与其他常见的按主题分类来写作的科普著作不同,伽莫夫完全是一种大家的写作风格,把数学、物理学的许多内容有机地融合在一起,仿佛作者是想到哪说到哪,将叙述的内容信手拈来,其实仔细思考,就会感觉到其中各部分内容之间内在的紧密关系。说困难,则是因为按照某种分类,这本书或许可以算作"高级科普",也就是说,要完全读懂它并不那么容易,需要读者具有某种程度的知识准备,还需要在阅读时随着作者的叙述自己动很多的脑筋来进行思考。

但是,至少有一点可以指出的是,我们也许需要改变一点观念,即读科普书,通常也并不一定非要把书中一切细节都一一彻底搞懂,体会科学家写作的风格和思路、感受科学的思维与美,甚至从中学会一些科学家说话的方式,可以说都是重要的收获。

如今,此书英文版(附中文点评版)在国内的出版,可以为学习物理学的学生、物理学爱好者提供一份原汁原味的作品,也可以为英语学习者提供一部很有可读性的优秀科学普及类著作。至于本人在书中的点评,以非常随意的形式写成,有些地方像读书笔记,有些地方像简评,有些地方是感叹,也有些地方则是简要的提示。当然,如果读者略去点评,直接阅读原文,也是可行的阅读方式。

希望读者能够喜欢这本书,并在阅读中有所获益。

此系为《物理世界奇遇记》(伽莫夫 斯坦纳德 著 刘兵评点,科学出版社,2006 年出版)所写的"点评者序"。标题为收入此文集时所加。

27. 科学与艺术

科学与艺术,或者说,艺术与科学(这两个词之次序的不同反映出不同的人在对于二者的注重上略有差别),是近年来在国内颇被关注的话题,或者往大了一些说,是一个研究领域。在国际上,亦是如此。但是,虽然从文献上看,很早就有人开始对之进行研究,但它成为被人们关注的热点,时间并不很长,与有关的艺术研究或对科学的人文研究的其他学科或领域相比,对科学与艺术进行研究的研究者人数也还不是很多,而且大多是业余研究者。这里所说的业余研究者,是指只是在建制意义上的学科的专业工作之外,在理想情况下,也只是作为某专业学科的一个研究方向。更有许多关心此领域的人,只是出于经常或偶尔的兴趣,兴之所至地做些议论,而非系统深入的研究。这种局面,导致了在此领域中成果和出版物的分散,研究工作的水准参差不齐。总之,距一个成熟的学科或研究领域来说,还有相当的距离。

但另一方面,随着学术的发展和社会文化的发展,尤其是科学与人文这两种文化之交融开始受到重视的情况下,人们又确实对此领域予以了相当的关注。例如,在科学技术普及领域,就已经有了不少科学与艺术方面的研究和普及实践。就目前大量学习艺术的学生来说,在这样一个科学技术对社会已经产生了如此重大影响的时代,当然也有着巨大的关注科学与艺术的问题的需要,甚至有将科学技术的手段和观念应用于其艺术创作的需要。就普通公众来说,即使只是出于一种个人文化修养的考虑,在传统的对于艺术作品之鉴赏上,如果能够加上科学这一维度,也是一种理想的发展。在这领域中,一本非常有影响的作品《艺术与物理学》(本读本也收入了其中部分章节),其作者写作研究的初始动机,也是因带女儿去现代艺术博物馆参观而在女儿的追问下产生困惑。

因而,在这种情况下,选编一本有涉及科学与艺术问题之研究的有代表性的读本,就很有必要了,这可以使得因各种不同兴趣而打算要关注这一领域的人有一份方便的阅读材料。当然,这又是老生常谈了,要想深入系统地在此领域进行研究,仅靠一两本读本当然是不够的。读本,只是一种入门性的读物。

如前所述,恰恰是由于科学与艺术这一领域在发展上的相对晚近和不成熟,因而在对这一领域本身和其中许多重要问题的理解上，人们有着不同的观点，其中一些观点也颇有可争议之处。例如，在一些人极为强调科学与艺术之联系的同时，也有人否认这种联系。许多人对于科学与艺术的关系，仍只停留在一种非常初级的层次，如认为科学家喜欢和能够演奏某种乐器或热爱某种艺术形式，或艺术家在其创作中利用了某种技术的方法，或是非常形式化地受到某种科学观念的影响，就已经算是科学与艺术之重要的联系了。面对这种局面，要编一本科学与艺术的读本，就需要编者自己对科学与艺术之关系问题有相对独立的思考和想法。

本书的两位编者，近些年来，也对科学与艺术的问题做了一些初步的研究，发表了一些相关的论文，合作出版过一本书。两位编者目前还同是清华大学编辑出版的《艺术与科学》杂志的副主编。其中一位编者，几年前曾主编了一套关于科学与艺术研究专著的译本，名为"大美译丛"。这套丛书曾产生了不错的影响。正是在这些研究和思考中，我们形成了自己对于科学与艺术的某种理解。

在我们的理解中，科学与艺术之间有密切的相关性，这是一个无可否认的事实，实际上世间各门学科和领域之间当然都有着不同性质的相关，只不过科学与艺术的关系现在开始为人们所关注，并且成为一个有意义的话题，可以带来诸多有意义的后果。问题是，这种相关性是可以分为不同层次的。这样讲,并不是要对不同的关联层次作什么价值的判断,但对于不同层次的区分仍然是有意义的,这可以让我们对于科学与艺术的问题有更好的理解,也在某种意义上回应了那种认为其间并不存在关联的观点。

本书编者认为,科学与艺术之联系的第一个层次,是应用的层次。即在科学技术如此发达的今天,科学技术确实为艺术创作实践提供了有效的手段。从历史的角度来看,在科学研究和艺术创作之间,确实存在着相互影响。这种影响,在第一个层次上,是技术性的,而在更高的层次上,则是观念性的,也就是说,在艺术创作中,来自科学观念和思想的影响起着作用,而在科学的研究中,对于像审美等观念以及美与真之关系等看法,也经常起着重要的作用。在此之上,另一个更高层次的关联,就是哲学性的了。这涉及各门学科、各种不同知识之间的联系,也涉及人们对于外部世界和内心世界之认识的某种统一性。因为在一种多元知识观的见解中,我们是可以把科学、艺术以及许多其他不同领域的工作,看做是人类认识世界的不同然而又彼此相联系的认识方式的。相应地,本书就分成从应用的观点看、从历史的观点看、从大师的创造看、从知识的联系看以及从哲学的观点看等几部分。在最后,又从人生与价值的角度,设立了"从人生的观点看"这一篇。

以上述方式来理解科学与艺术的关系,只是编者的一种设想和分类，当然这不可能是唯一的分类。其他的研究者，包括读者，自然也可以有不同于本读本之编者的立场和观点。但这个读本至少是在我们设想的框架中，汇集了一些有代表性的相关文献，可以省却读者自己从不同的地方查找相关文献的麻烦，并提供了一些可供刚刚进入此领域的人进一步进行学术和研究的线索。

至于在本读本中所选的各篇文献，在后面各篇的导读中，我们尽量简要地作了相应的介绍，这里就不再重复多说了。

最后，希望这个读本能够为关心和需要了解科学与艺术问题的读者提供有益的帮助，也期待着来自读者的批评指正。

我们相信，科学与艺术的研究领域，是一个很有发展前途的领域。

此系为《艺术与科学读本》（戴吾三 刘兵 编，上海交通大学出版社，2008 年出版）所写之导读。标题为收入此文集时所加。

28. "正直者的困境"

　　在新的一年刚刚到来之际,德国著名物理学家普朗克的传记《正直者的困境》的翻译终于完成了。其实,按照原来的计划,早就应该完成这本不厚的小书译稿了。但在翻译的过程中,由于工作上的种种变化,由我自由支配的时间被大量挤占,这是导致延误的主要原因之一。而导致延误的另一个原因,则是这本书的翻译,远比我原来所设想的要困难得多。

　　最初得知有这本普朗克的小传(就此书的篇幅而言),是在几年前读到我国物理学史老前辈戈革先生所写的一篇题为"普朗克的幸与不幸"的评传文章中。从那时起,也就在心中存下了想认真阅读这本书的想法,但由于具体在做的研究工作一时还没有专门涉及量子物理的初期史,更不用说社会史了,所以也一直没有实现这一愿望。在组织这套"科学大师传记丛书"时,在首选的书目中,便想到了这本普朗克的传记。经请教认真读过此书的戈革先生,认为此书无论从传主的地位,还是从撰写者的研究基础和学术水平上(此传记的作者海耳布朗于1964年获得博士学位,在退休前是伯克利加州大学的科学史教授,也是一位很有造诣的著名物理学史专家),都是值得收入到这套丛书中来的。而另一位美国著名的科学史家在写给本译者的信中,也曾称此书是一部"非常精致的著作"。

但是,对于这样一本在内容和质量上都堪称上乘的传记,在翻译之前,戈革先生曾提醒说,它的文字不像许多其他的科学家传记那么易懂。虽然有了这种思想准备,但真正做起来,才发现这本颇具特色的传记实在是难译。本译者以前虽然也曾译过几本关于科学史及科学文化之类的书,包括由像萨顿或斯诺这样的大家所写的人文色彩很浓的书,但比起来,还是觉得这本传记更难译。其实想来也不难理解:一位有相当好的中文及历史修养的作者所写的优雅的中文,对一般文化程度的中国读者而言,其文字也可能读起来不那么轻松。类推下来,外语的著作,自然也应是一样的。而对于像本译者这样的人,又如何敢说对英文(此传记中还有一些德语内容)的理解能达到其作为母语的使用者的一般水平? 实际上,国外许多真正的科学史家,除了出色的科学背景之外,在人文和语言方面的素养也是相当令人敬佩的。正是这种相当注意遣词造句的精致的(而不是那种较为常见的、简单的)语言,再加上此传记所涉及的广泛领域,使得翻译困难重重。尽管译者已尽了自己最大的努力,但问题和错误肯定不少。对这些翻译上的问题和错误,当然没有理由要求读者谅解,只是恳请读者的批评指正。

虽然翻译工作相当吃力,但在翻译和阅读的过程中,本译者也越来越喜欢这本很有特色的传记。它并没有像某些传记那样面面俱到且事无巨细地讲述传主完整的一生,而只是有选择地涉及了若干作者认为重要的方面和问题,并在叙述的过程中,相当有机地把作者的观点插入其中。任何对现代物理学稍有了解的人,对于普朗克在物理学中最重要的贡献可能都会有所认识,但对于作为科学的管理组织者,对于有着丰富甚至相当坎坷的人生经历,就本传记的标题所提示的经常处于两难的困境中且对于像科学、哲学、宗教、社会和人生等都有诸多深刻见地的普朗克,大多数人可能就不那么熟悉了。其中的许多重要内容和信息,即使对于国内的科学史工作者们,也还是相当新鲜的。其实,正是由于像普朗克这样一位物理学大师,生活在特殊的时代(包括 19-20 世纪之交的科学革命和 20 世纪上半叶德国特殊的社会政治背景,如第一次世界大战,希特勒的统治及对科学、对犹太人的迫害,等等),再加上作者在丰富的文献基础上深入的研究和精彩的叙述,使得这本传记对于范围广大的读者都会有所启发,有所教益。当然,最终的评价,还是要由读者在读后作出,正如作者在本书中反复引用《圣经》中的说法那样:"凭着他们的果子,就可以认出他们来。"

需要说明的是,在这本仅有200来页的小书中,原有多达491条脚注,这也从一个侧面反映了作者治学的严谨。这些脚注主要是关于文献方面的,大多用来说明文献出处(少数脚注中有简略的进一步说明),在许多脚注中列出的文献还不止一条,它们需与本书的文献目录联合使用。但这些脚注若译成中文,则丧失了其原来主要的功能,读者也无法用来查用和了解所引用的文献,而若不译成中文,又与此套丛书的体例不合。幸好这些脚注基本上只是对少数的研究者有意义,所以在此译本中予以略去。这样做,对绝大多数读者的阅读几乎没有什么影响,但译者在此必须向少数专业的研究者致歉,如需要,请查阅原版本。但所附的文献目录则按原来的面目照印于书后。

最后,译者在此要感谢戈革先生提供了本书的原本,并在翻译的过程中给予译者的帮助,也要感谢东方出版中心的吕芳女士和王国伟先生对翻译此书的支持和在此书出版过程中所付出的劳动。

此系为《正直者的困境》(海耳布朗 著 刘兵 译,东方出版中心,1998年出版)所写之译后记。标题为收入此文集时所加。

29. 关于科学家弗里茨·伦敦

　　我最初知道弗里茨·伦敦的名字,还是在上大学的最后一年,在我选修超导电性那门课时。后来,在念研究生时,由于选择了超导物理学史作为学位论文的题目,对于这样一位在超导物理学中如此重要的人物,自然就会以更加细致的方式来寻找有关文献,从另一种观点,也即从历史的角度来考察他。不过,在20世纪80年代初,连超导物理学本身也还处于很"冷"的时期,更不用说超导物理学史了。因此,有关伦敦这位首先以其在超导电性研究方面而著名的科学家的材料非常之少,使人难以全面地对之有所了解。

　　大约也是在20世纪80年代初,希腊学者伽夫罗格鲁等人也开始了对超导物理学史的研究。虽然希腊并不是一个科学史研究的大国,但希腊学者的研究却有着相当的有利条件,也取得了很有意义的成果。他们先后写出了系列的文章,编辑了超导电性的发现者卡末林·昂内斯的文集,出版了基于超导物理学史的科学哲学专著,而且,在其最新的成果中,也包括出版了这部目前在世界上也还可以说是第一部以专著的形式问世的超导物理学家的传记。他们在做这些工作时,采用了国际上标准的当代科学史研究方法,从世界各地的图书馆、档案馆等地收集了大量的原始论文、笔记、手稿、通信等材料,并以此为基础,再进行细致的科学史分析和研究。以这本伦敦的传记为例,作者在写作中,就从世界各地的档案材料中找到了 3 000 多封与伦敦有关的通信,以及其他大量的原始材料,从中发现了大量鲜为人知的重要史料。

因为长期以来,与像相对论、量子力学这样"热门"的物理学史论题相比,凝聚态物理学史的研究才处于刚刚起步的阶段,其中的超导电性的历史研究虽然由于超导从 20 世纪 80 年代末因新的高温超导材料的发现也相应地有所"升温",但毕竟还是相对冷僻的领域。在专业领域之外,连知道弗里茨·伦敦的人都不多。虽然经过提醒,许多受过基本科学训练的人会因为化学中"海特勒-伦敦键"而想起伦敦这个名字,但对伦敦究竟有哪些什么重要的科学贡献,却还是所知甚少。其实,当我们翻开这部传记,就会发现,弗里茨·伦敦是一个非常有特色的科学家。例如,在当代,很少有科学家最初是以哲学研究而获得哲学博士学位并在后来才转向科学研究的,但伦敦却是纯哲学研究出身,而且,在这种转向之后,按照伽夫罗格鲁的分析,可以在他后来许多的理论性科学研究中看到其早年哲学思考的影响。而且,他又生活在一个特殊的时代,纳粹的兴起与对德国犹太人的排斥,使得他不得不先后流亡英国和法国,最后在美国定居,而他主要的科学贡献,又是在流亡生活中做出的。再有,他一生的研究横跨几个不同的大领域,既是作为量子化学的创立者,又是超导理论和超流理论的先驱(包括其对超导唯象电动力学理论的发展,也包括后来对微观教导理论影响甚大的超导量子力学图像的提出,以及对液氦超流动性的玻色-爱因斯坦凝聚理论的研究,等等),此外,他还对量子力学的测量理论也有贡献。因此,通过阅读这部传记,可以使弗里茨·伦敦这位在专业领域之外名不见经传的重要科学家走到科学史的前台,为更多的人所了解,而且,伦敦的这部传记,在某种意义上也可以说是早期的量子化学史、超导物理学史和超流动性研究史。对于这些领域的科学史研究和普及也是具有重要意义的。

从写作形式上来讲,伦敦的这部传记可以说是非常专业的,也即所谓标准的那种"内史"研究,但在这种"内史"的研究中,人们也还是可以看到对相关的社会背景的介绍和分析,尤其是,通过大量通信的内容,体现出科学家身上的某种常人的特色,这在伦敦与其他科学家比如冯·劳厄等人的矛盾和争执中有着特别充分的体现。因此,除了对一般科学内史的学习之外,这部传记本身也对科学文化、科学家共同体内部的互动等内容提供了大量生动、新鲜的实际材料。

因为从研究生学习阶段开始，一直到现在，低温物理学史一直是我的研究领域之一。因此，在看到了这部很有特色也很专业化的超导物理学家传记之后，就一直很想将它翻译出来。经与江西教育出版社协商，出版社同意将其列入由我主持的"三思文库·科学家传记系列"，但由于近几年来工作繁忙和社会上其他活动占用了我大量的时间，这项翻译工作一直拖了下来。于是我请我的两位研究生参加了部分的翻译工作，并乘着在英国剑桥做访问学者的机会，终于将译稿完成。在翻译中，具体的分工是：刘兵：前言、第1章、第3章、第4章、索引；柯志阳：第5章、后记；李正伟：第2章。其中，柯志阳曾对第2章进行了校对。最后，由我对全书进行统校。当然，在这样一部涉及广泛的哲学、科学与社会内容的译著中，翻译的错误在所难免，这当然要由我来负全部的责任。

在此，要感谢江西教育出版社愿意出版这样一部相当专业性的学术传记，为我国的科学史事业的发展做出贡献（而且江西教育出版社的"三思文库"在整体上对科学文化在国内的传播具有着重大的意义）。要感谢编辑黄明雨先生对此项翻译的支持、不断的督促和在等待译稿时惊人的耐心，否则，这部译作也不可能问世。要感谢首都师范大学李艳平教授帮助我解决了一些法文翻译上的困难。也要感谢英国剑桥大学李约瑟研究所为我提供了如此良好的工作环境,使我能最终完成这部译稿。

最后,欢迎来自专家和广大读者对此译本的批评和指正。

此系为《弗里茨·伦敦:科学传记》(科斯塔斯·伽夫罗格鲁 著,刘兵 柯志阳 李正伟 译,江西教育出版社,2002年出版)所写之译后记。标题为收入此文集时所加。

30. 关于《剑桥科学史》

记得应该是十多年前，在上海参加某个会议时，见到了大象出版社的几位编辑，约我和几位同行聊天，谈到想组一套科学史方面的丛书的稿子。当时，我们提出，最好不要再搞那种低水平的科学史，而翻译些国外高水平的著作出版，会是更有意义的事，对于国内科学史的研究和普及都会有更重要的意义，并且推荐了这套当时刚刚开始出版的8卷本《剑桥科学史》。在当时出版界已经开始极度注重经济效益的背景下，大象出版社居然颇有魄力地开始了这项巨大的工程，实在是让人对其承担文化传播的社会责任感钦佩之至。

随后便是一系列的筹备和组织工作的开展，如在河南召集相关人员开座谈会，讨论翻译工作等。我、杨舰和江晓原认领了共同组织翻译关于近代物理科学和数学科学的第5卷的任务，并组织各自的学生团队开始了翻译的工作。显然，由多人翻译一本书并不是很理想的翻译方式，但原书本来亦是一人一章的写法,风格上也有差异,而且,由于其他教学和研究任务的繁忙,这也是不得已的工作方式。现在的译文中,由于涉及的专业内容和语言的复杂,存在的错误肯定不少,但在这样巨大篇幅的著作的翻译中,这样的问题也是难以完全避免的,希望读者能够理解并提出批评建议,以便在以后再版时能有所改正。由于国内可见的能够反映物理科学史方面新研究成果的通史性著作的缺少,能先出一个译本也是很有意义的。

在翻译的过程中,大象出版社的王卫副总编和刘东蓬编辑曾多次来北京关心和督促翻译工作,其负责任的态度和工作热情令人感动,而且,在后期的编辑校订过程中,刘东蓬也是付出了极大的努力,其工作认真的程度远远超过一般出版社的编辑。在此,对他们要特别的表达感谢,没有他们的努力,这部译著绝不可能以现在的面貌问世。

由于翻译、审校和编辑等过程中遇到了一系列的困难,此书的出版过程拖得比较长,在此过程中,2006年6月,大象出版社曾聘请郑州大学物理系的胡行、郝好山先生初审了物理部分的译稿;郑州大学数学系常祖岭先生初审了数学部分的译稿;郑州大学化学系刘玉霞女士初审了化学部分的译稿。2008年3月,大象出版社又聘请鲁旭东先生审校了第28－33章的译稿。最后,2009年10月,大象出版社再次聘请科学出版社退休编审陈养正先生审校了第6－17

章、第 22 章、第 24 - 27 章的译稿,陈养正先生还与陈钢先生翻译整理了人名索引。在此,对这些审校者的工作,在此也要表达深深的谢意!

此系为《近代物理科学与数学科学》[《剑桥科学史》第 5 卷,(美) 玛丽·乔·奈 主编,刘兵 江晓原 杨舰 主译,大象出版社,2014 年出版] 所写之译后记。标题为收入此文集时所加。

下编

他人书的头与尾

1. "天学真原"与科学史的辉格解释

三年前,当我关于超导物理学家传记的一本小书杀青时,曾请我国科学史界的老前辈戈革先生为之作序。承蒙先生垂青,几日后便挥洒出一篇不落俗套的序言为拙作"站脚助威"。书出版后,每每翻到这篇序言时,自觉使小书增色不少,暗自得意之余,对先生的感激之情自不待言。然而,在那篇序言中,戈革先生曾自谦地说,"按照郑板桥的说法,给别人的书作序的大多是些'王公大人'或'湖海名流',而我则什么都不是"。先生尚如是说,因此,晓原兄让我为其新作《天学真原》撰写序言,自然令我汗颜不已。幸而,自认为与晓原兄相交不浅,知其秉性。正像他在一封致我的信中所言,"如今书成则请名人作序以广告之,已成陋俗"。加上一些与此书似有相关的话正欲一吐为快,在这里,便斗胆为序,以朋友和同行的身份与晓原兄一起"唱唱反调"。

早在 1931 年,英国的历史学家巴特菲尔德(H.

Butterfield, 1900 - 1979）出版了一本名为《历史的辉格解释》的书。这本书后来成为西方历史学界的一本名著。在这本书中,巴特菲尔德"所讨论的是在许多历史学家中的一种倾向:他们站在新教徒和辉格党人一边进行写作,赞扬使他们成功的革命,强调在过去的某些进步原则,并写出即使不是颂扬今日也是对今日之认可的历史。"由此,巴特菲尔德通过对英国政治史的研究,提炼出了"辉格式的历史"（whig history）或"历史的辉格解释"（the whig interpretation of history）的概念。按照巴特菲尔德的看法,"历史的辉格解释的重要组成部分就是,它参照今日来研究过去……通过这种直接参照今日的方式,会很容易而且不可抗拒地把历史上的人物分成推进进步的人和试图阻碍进步的人,从而存在一种比较粗糙的、方便的方法,利用这种方法,历史学家可以进行选择和剔除,可以强调其论点"。

照此分析,辉格式的历史学家是站在 20 世纪的制高点上,用今日的观点来编织其历史。巴特菲尔德认为,这种直接参照今日的观点和标准来进行选择和编织历史的方法,对于历史的理解是一种障碍。因为这意味着把某种原则和模式强加在历史之上,必定使写出的历史完美地会聚于今日。历史学家将很容易认为他在过去之中看到了今天,而他所研究的实际上却是一个与今日相比内涵完全不同的世界。按照这种观点,历史学家将会认为,对我们来说,只有在同20世纪的联系中,历史上的事件才是有意义的和重要的。这里的谬误在于,如果研究过去的历史学家在心中念念不忘当代,那么这种直接对今日的参照就会使他越过一切中间环节。而且这种把过去与今日直接并列的做法尽管能使所有的问题都变得容易,并使某些推论显而易见(带有风险),但它必定会导致过分简单化地看待历史事件之间的联系,必定会导致对过去与今日之关系的彻底误解!

虽然在中国和西方文明中均早有萌芽性的科学史著作出现,如我国宋代的《历代名医蒙术》和清代的《畴人传》,以及公元前4世纪古希腊学者埃德谟(Eudmos)所撰写的天文学史和数学史,但科学史作为一门独立的学科,毕竟是在西方成长和成熟起来的。直到20世纪西方科学史学奠基人萨顿(G. Sarton, 1884–1955)的时代,在科学史界中占统治地位的观点,基本上就是巴特菲尔德所批评的那种辉格式的观点。例如,萨顿就曾自信地反复提出"科学史是唯一可以反映出人类进步的历史"。但随着实证主义科学史观的衰落,科学史家逐渐接受了巴特菲尔德的观点,认识到许多当今已被取代的、在现代科学家看来可能简直是荒唐可笑的观念,在早期的科学发展中,却发挥了重要的作用,正是在此思潮的影响下,自20世纪60年代初以后,西方科学史界才出现了一系列关注炼金术等"非科学"问题的反辉格式研究。

大约在20世纪70年代中期以后,特别是在20世纪80年代,一些西方的科学史家对有关科学史中的辉格解释问题再度进行了反思,对科学史研究中过分极端的反辉格式倾向及其谬误提出了批评。尽管如此,随着科学史研究工作的职业化,在西方专业科学史家的研究传统中,主要的倾向仍是反辉格式的。

　　这里,之所以谈起了历史学(或更确切地说是科学史学)中的辉格解释,目的乃是想讨论中国科学史研究中的一些问题。非常不幸的是,在国内,不要说对科学史的许多理论性问题,就连一般历史学中的若干重要编史问题,也常常都没有得到深入的讨论。至于对西方重要理论学说的介绍和借鉴,就更是凤毛麟角了。举例来说,几年前,当我对历史的辉格解释问题发生兴趣时,查遍北京的各大图书馆,竟无一收藏有《历史的辉格解释》这本在西方屡屡再版、被列为学习历史(乃至学习科学史)的必读书之一的史学著作。后来,还是在一个偶然的机会中,才于上海一所大学历史系资料室的角落里,找到了这本久闻大名而不得一见的"珍本"。当然,国内文献方面的条件限制使有关的工作困难重重,但我以为,像辉格解释这样的重要理论问题,是绝对值得在我国科学史界引起重视并深入进行讨论的。

　　就国内对中国科学史的研究而言,确实有相当多深入而扎实的工作,尤其是在发掘史料和进行考证方面。然而,在指导思想上,却又似乎存在一些可以讨论的问题。或许是过分沉醉于昔日"四大发明"之余辉的荣誉感中,也许是自觉或不自觉地在这种背景中,人们大多是以西方近代科学成就的标准作为参照系,来"套证"中国古代"科学"的记载,而较少以在所研究的时期里中国特定的环境与价值标准为研究的前提。更有一些人仅仅以论证"中国第一"作为主要目标,他们往往只是要致力于"发现"中国在多久多久以前就已有了西方在近代或当代才取得的某项科学成就,其实两者的含义与内容往往并不完全一样。在这种意义上,这些研究有着明显的辉格式倾向。这是我们应当引以为戒的。实际上,在科学史中适度的反辉格式研究所要求的,不就是我们常常挂在嘴边的"实事求是"吗?

正是因为如此,不久前,我曾写过一篇文章来讨论有关的问题。但理论性的探讨毕竟不能代替实际的研究。令人高兴的是,晓原兄这部新著恰恰是在国内这种新尝试的一个实例。美国著名科学史家库恩(T. S. Kuhn)曾这样写道:"在可能的范围内……科学史家应撇开他所知道的科学,他的科学要从他所研究的时期的教科书和刊物中学来……他要熟悉当时的这些教科书和刊物及其显示的固有传统。"我以为,晓原兄此书正是按这种指导思想进行研究的成果。仅从其书名中(称"天学"而非"天文学"),读者也可窥知一二。研究著作贵在有新意,晓原兄这本书在占有丰富史料的基础上，结合中国特有的社会、政治等文化背景进行考察，从一个新视角对中国天文历术的性质与功能作了分析与阐述，绝非人云亦云之作。此言当否，读者自会做出评判。

像古代科学史这类的研究工作，其实做起来是相当艰辛与枯燥的。据闻，钱钟书先生尝教人曰，大抵学问乃荒江野老屋中二三素心人商量培养之事，朝市显学乃成俗学。虽然当代学术研究之社会化已使人难以如此超脱，但就我所知，晓原兄在冷板凳上是坐得颇稳的，且不求功利，唯其如此，才会有这样的成果。我想，他也绝不会认为，一本著作的价值将是什么获"奖"级别的函数。昔日，萨顿在回忆科学史前辈坦那里(P. Tannery)时，曾说过这样一段值得我们铭记的话："没有人想到去查明他是否得到过这一或那一荣誉，从永恒的观点来看问题，所有这些学术上的荣誉，不论它们是什么，全都是无用之物。发表了的著作才是唯一对后世有重大关系的。"

还是让公正的时间检验一切吧！

此系为《天学真原》(江晓原 著，辽宁教育出版社，1991年出版)所写之序。标题为编辑此书时所加。

2. 《天学真原》新版序

13年前,也即1991年,我的朋友江晓原邀我为他的《天学真原》一书写一篇序。我在当时所写的序言中就提到,他的这种做法按照当时(甚至现在)的标准来看,其实是很反常规的。因为人们请人为自己的著作写序时,往往是将目标指向那些"名人",而我当时却只不过是大学里的一名普通讲师,仅仅是晓原兄的一个好朋友而已。回溯起来,我与晓原兄认识,还要更早些,大约20年前,我与他在中国科学院研究生院是学习科学史专业的同学。但我的方向更加"西化",是西方物理学史,兼及一些科学编史学(也即科学史理论),而他则研究中国古代天文学史(其实还有后来让他更加"市场化"的性文化史研究)。直到1991年写序时,我们在专业研究的意义上,才有了第一次的合作。

此后,我又陆续应邀为他的《天学外史》和《回天》两书写序,而他也曾为我的科学编史学专著《克丽奥眼中的科学——科学编史学初论》和科普文集《硬币与金字塔》写序。为此，曾有朋友写文章开玩笑地说我们是"彼此做序，相互吹捧"。但对此，就像晓原兄在为《硬币与金字塔》一书所写的序文中所讲的那样，"我们都坦然笑而受之"。因为"从学术史上看，在学术活动中，要交流就会有理解，彼此作序的事是经常发生的。但是我们想到学术的繁荣，想到大多数好书的命运，我们为增进理解而作序，就是序得其所"。这也可以说是我们的共识吧。

到这次应邀为《天学真原》的新版再次撰写序言为止，我已经是第四次为晓原兄的书写序了，我们相识的时间也有 20 多年了，这些年间，我们两人在学术性的研究和普及性的工作中的"业务合作"逐渐增多起来，而且，在这许多年中，无论就学术的发展，就工作方式、工作内容还是就对于学术的理解，身边都出现了巨大的变化。相应地，也发生了许许多多的故事。那么，在 13 年之后，还是就这事情中与此书或许有所相关的一些事挑拣一些，发表一些议论，作为这篇序言吧。

晓原兄的看家研究是中国古代天文学史。虽然他最先出版的书是性文化史方面的，而且后来无论在天学史还是在性文化史方面，无论是普及性还是学术性的各种类型的书也都写了不少，但在天文学史方面，到目前为止，影响最大，恐怕还是这部 13 年前写成的《天学真原》。之所以会如此，并不是说他写的其他书不重要或价值更小，而是由于学术研究和学术积累的特殊性,以及一些机缘,才使得此书在他出版的众多著作中有着特殊的地位,甚至于,如果大胆一些讲,颇有成为"经典"的迹象。

先说学术背景。长久以来,国内对于中国古代天文学史的研究几乎一直是以发掘古代的天文学成就,为中国古代天文学发展如何领先于他人而添砖加瓦。其实,这种研究的一个前提,是按照今天我们已知并高度认可的近现代西方天文学为标准,并以此来衡量其他文化中类似的成就,用我当时写的序言中的说法,也即是一种典型"辉格"式的科学史。

而晓原兄却在国内的研究中超前一步,更多地从中国古代的具体情况着眼,放弃了以西方标准作为唯一的衡量尺度的做法,通过具体扎实的研究(这与晓原兄本人扎实的国学功底不无关系),以"天学"这种更宽泛的框架来看待那些被我们所关注的在中国古代对天文现象的观察和解释,一反传统见解,从中国古人观天、释天的社会文化功能的角度,提出了正是为王权服务,要解决现实中的决策等问题,要"通天",进行星占,这才是中国古代"天学"的"真原"。

所谓"天学",也即关于天的理论,对于这一说法的明确,是因为当时我在《自然辩证法通讯》当兼职编辑,在编发晓原兄一篇来自此书部分内容的稿件时,问及他如何将"天学"二字译成英文,他建议用"Theory of Haven"。正是这种对于出发点完全不同的新概念的利用,使得他避免了将西方近代现天文学与中国古代对"天"的认识、理解与研究的等同,所以他在书中明确地讲,他不是要把这本书写成一部中国古代天文学史。

当然,《天学真原》一书的内容还远不仅仅于此,它还涉及像历法问题和中国天学起源与域外天学之影响问题等。但其中最重要和最有影响的,我以为,还是前面所讲的中国古代天学与星占之功能的问题。这一研究从根本上改变了我们对于中国古代天文研究之性质的认识,成为国内学者对于中国古代天文的研究的一部重要著作。这里我讲国内学者的研究,还有另一层意思,即中国古代天文学史的研究,当然中国学者因对其语言和文化的掌握和理解而有天然的优势,而西方学者当时似乎还没有人明确地提出与晓原兄类似的提法。正因为如此,此书出版后,获得了不少的好评,国外的情况我不太了解,但至少在大陆和港台,对于中国古代天文学史的研究影响很大。例如,国际科学史研究院院士、台湾师范大学洪万生教授,在淡江大学"中国科技史课程"中,专为《天学真原》开设一讲,题为"推介《天学真原》兼论中国科学史的研究与展望";他对《天学真原》的评价是:"开了天文学史研究的新纪元。"至少在天文学史领域,《天学真原》一书,是被国内十多年来发表的科学史和历史学论著引用最多的一种。

由于种种原因,在这里也还只好沿用中国古代天文学史这一名称,但正是由于《天学真原》的出版,许多人对此领域的理解已经有了不同的认识。我曾讲,此书颇有成为"经典"的迹象,也正是在此意义上。我在清华大学为科学史和科学哲学专业的硕士生和博士生开的"科学史名著与案例研读"的课程中,此书也是书单中唯一由国内学者所写的著作。当然,类似的有关此书之影响的例子还有许多。例如,此书当年版本的责编之一俞晓群,也是一位数学史研究者(如今已经成为辽宁出版集团的副总)。他在一篇有关让他记忆最深刻的三篇文章或书的回忆文章中,首先就提到了《天学真原》,说这本书所展示的"外史"研究的观点,对他后来的写作影响很大。

　　俞晓群的那篇回忆文章在提到晓原兄的《天学真原》的同时——令我非常荣幸地——也提到了当年我写的序言,提到了我序言中所讲的关于"辉格"与"反辉格"的科学史理论,甚至提到了当时晓原兄请我这个不是名人的朋友为其作序这种"颇有个性"的做法。当时晓原兄请我作序的另一个原因,也许是我正好写完发表了有关科学史与历史的辉格解释的文章,其中的理论观点与晓原兄的史学实践倾向正好不谋而合。

　　其实,我在当时那篇序言最初的文字中,还曾有"自认为与晓原兄相交不浅,深知其'反潮流'之秉性",所以才斗胆与其一起"唱唱反调"。不过,人毕竟是生活在一定的历史环境下,不可能完全不受环境的影响,毕竟难以超越某些无论就个人而言还是就更大范围的社会环境而言存在的具体限制,出于谨慎,晓原兄在正式出版的书中,还是删去了原稿中"反潮流"几个字。不过我想,在13年之后,在我们的学术环境和人们的观念已经发生了如此巨大变化的今天,他应该不会再顾虑这样的说法了吧。其实,我们现在经常所说的"创新"(其实我个人并不喜欢这种并未给理解历史和现实带来什么"创新"的这个词),以及就真正有突破性的学术发展来说,对于学者,所需要的不正是那种"反潮流"的精神,以及基于严肃的学术探讨并符合学术规范的"反潮流"的研究吗?

在此书的绪论中,晓原兄将此书的立场和定位,与科学社会学,以及默顿的理论观点联系起来。即强调文化背景、意识形态和价值观念等对于科学的影响。这样的说法有一定的道理。但此书毕竟主要还是作为一本"外史"著作,是力图用那些外部因素来说明和解释"天学"的历史渊源。其实,在写作这本书时,国外已经兴起了所谓的关于科学的"社会建构论"或者说"科学知识社会学"(SSK)的研究。只不过当时那些国外的前沿研究成果还没有及时介绍到我们这里而已。近年来,有关"社会建构论"或"科学知识社会学"的理论已经成为我们这里关注和争论的焦点之一。

按照科学知识社会学中"强纲领"的看法,以往认为只有在解释"失败"时才需要外部因素的影响的看法是有问题的,应当从因果关系角度涉及那些导致知识状态的条件,应当客观公正地对待真理和谬误、合理性和不合理性、成功和失败,而且要求对于"成功"或"失败"都同样需要同样类型的原因来解释。这也即所谓的"因果性""无偏见性"和"对称性"信念。

其实按照这些看法,《天学真原》一书也是较为超前地隐含了某种类似的意识的。因为"天学"这一概念并不等同于今天那种"成功"的近现代科天文学,(按照晓原兄本人的说法)也不是它的"早期形态或初级阶段",只不过在对象与天文学相同或相似而已。对于这样的"理论"的历史解说,虽然用到了外史传统中所要关注的"外部因素",但其立足点却不是要用这些外部因素来说明其不等同于近现代意义上的天文学的"失败",而是把它"平等"地看做一段曾经存在过的历史。当然,这样的"同类原因"也说明了为什么会有那些以今天的立场看来会与"成功"的近现代天文学有关的天文观察和记录在中国古代历史的存在。像这样多年前的隐约意识,恐怕也是今天晓原兄能够相当地欣赏和接受"科学知识社会学"的许多新观念的"历史因素"吧。

在《天学真原》一书写成、出版并取得成功之后,晓原兄在中国古代天文学史领域又有许多其他的重要工作,对于这些后来的研究(甚至还可以包括后来的那些性学或性文化研究),我在这里不拟多谈。但更值得注意的是,近几年来,他更多地在关心和转向了"科学文化"或者"科学文化传播"的研究和普及工作。对此转向,不同的人有不同的看法,赞同者有之,批评者亦有之。不过对此我倒是颇能理解,颇有同感,并个人也有类似的"转向"。这实际上是与一个人的天性,与他的"学术品味",也与他的生活方式追求紧密相关的。

在写作《天学真原》的时候,正值国内学术研究的低潮,学者们的生活非常艰苦,不少人弃学转向其他领域,一些人即使依然待在学术界,也不过是随遇而安地对付而已。后来晓原兄在为我的《硬币与金字塔》一书所写的序言中,曾有这样一段话:"十多年之前,在我们安身托命的学术领域处在最低潮的岁月,圈子里的同龄人几乎都走了——出国、经商、改行,等等,我和刘兵兄一南一北,形单影只,在漫漫寒夜中,彼此呼应,相互鼓励,'为保卫我们的生活方式而战'。此情此景,现在回想起来,就像是昨天的事,还是那么令人感到温暖。"在这样的环境下,做出《天学真原》这样扎实、严谨,而且具有突破性的重要研究,体现了晓原兄对学者的生活方式和学术品味的追求。

而在今天,在学术和学者的地位又有所"上升",可以带来一些"收益",但却极大地受到像片面追求论文和著作数量、获奖等级(对于后者,我在13年前的原序中就曾有论及)、基金额度等的不合理甚至有害纯粹学术发展的考核要求的影响。在这样的新情况下,晓原兄在某种程度上对"学术"的"厌倦",对于成为自由的"自由撰稿人"或者成为一个唐代自由文人的向往,也同样体现了他对那些功利性、低品味或无品味学术以及以学术为工具追求物质实利的厌恶,体现了他对那种更为纯粹、更为理想化的自由学者生活和学术的执著企盼。我们两人近来开始在《文景》杂志上的对谈栏目"学术品味",也正是要对这样一些相关问题进行思考与探讨。

如果说《天学真原》是一本"厚重"之作的话,晓原兄近几年来热衷于写作的那些文章,却并非意味着"轻薄"。虽然有人看不上那些准学术形式的随笔、杂文、书评、影评之作,但一个真正的学者的"随笔",绝不是那种"随意"写来的东西,其背后是有着深厚的文化积累和学术研究基础底蕴作为支撑的。《天学真原》既可以视为是这样一种支撑的具体体现,也从另一个侧面说明了即使做一个成功的文化人需要有什么样的学术实力。

前不久有某女士曾有"名言"曰:"无论睡在哪里都是睡在夜里。"其实,看怎么理解,在某种理解中这样的句式后面也会是颇有深意的。像晓原兄,无论是写《天学真原》,还是写那些科学文化人的文化作品,其无论写在哪里,也都是写在心中,写在文化中,写在品味中。

　　以前我曾有过一个说法,认为学者写书应该对读者负责也对自己负责,不要写那些很快就会过时的"垃圾"作品。我曾提出过一个简单的"判据":看看你出版的书能不能在大多数读者的书架上摆上 10 年而不被清理掉。《天学真原》能够在 13 年后重新再版,可以说是远远地超出了这个标准,标志着它的地位、意义与价值。

　　其他的,就不在这里多说了吧。

　　是为序。

　　此文系为《天学真原》新版(江晓原 著,辽宁教育出版社,2004 年出版)所写之新序。此后,该书又在译林出版社出有新版,其中亦收入了此序和第一篇初版序。

3.《天学外史》序

7年前,当晓原兄的大作《天学真原》完稿时,曾邀我撰写序言。当时,在斗胆撰写的那篇序言中,针对中国科学史研究的状况,我曾在很大程度上脱开原书,就有关科学史和历史的辉格解释问题作了一番议论,其实,这一问题与《天学真原》一书的立意倒也关系颇为密切。而《天学真原》一书出版后,确实引起了很好的反响,甚至直到7年后的今日,在众多关于中国古代科学史的专著中,仍别具特色,仍有高度赞扬和激烈批判的书评在次第发表。当然,以晓原兄学问之功力,以及选题视角之新颖,史料之扎实丰富,《天学真原》一书能取得如此成功,也是意料之中的事。

7年后,当《天学真原》的姊妹篇《天学外史》写就,即将付梓之时,晓原兄再嘱我为之作序。一方面,虽仍以为作序既非以我辈之资格宜作之事,亦非可用来畅所欲言之场合,但承晓原兄抬举,加之7年前已"斗胆"唱过些"反调",想来即使再撰序言,至多也不过使"罪行"加重一些而已。

其次,虽然我于天文学史,特别是中国古代天文学史是外行,但对于这一领域近来的研究进展,倒是很有关注的兴趣,对于相关的科学编史学问题,也有些想法,于是正好借此作序之机会,再拉杂谈些感想,起码,是讲些实话——尽管"实话实说"现在也还往往是一件很难做到的事。

晓原兄这本书取名为《天学外史》。仅从此书名中,就可约略地看出作者的基本倾向:之所以称"天学",而非"天文学",不论在以前的《天学真原》一书中,还是在这本《天学外史》题为"古代中国什么人需要天学?"的第二章中,作者均有详细的论述,大致说来是为了将中国古代有关"天文"的种种理论,与目前通用的由西方传入的现代天文学相区分。这是一种很重要的区分,鲜明地表达了作者的立场。至于"外史"一词,则明确地表达了作者研究方略的取向。

一段时间以来,由于我曾对科学史的基本理论问题,或者说科学编史学问题做过些研究,因而,对于来自西方科学史和科学哲学界的 external history 一词,在各种文章和著作中,也不止一次地用到。国内科学史和科学哲学界,通常将此词译作"外史",以对应于 internal history(即内史)的概念。记得几年前,在一次与物理学史老前辈戈革先生的交谈中,戈革先生曾提到,这种用法与中国历史上对内史一词原有的用法是一不致的。因为在中国历史上,"外史"的概念本来是与"正史"相对应,其意义更接近于野史。类似的例子还有像我国科学史界常用的"通史"一词,在中国历史上,通史本是相对于断代史,而不是像现在那样与科学史中"学科史"相对来指汇集了各门科学学科的历史。因而,如果考虑到已存在的用法,还是用"综合史"而非"通史"来与"学科史"对应为好。当然,这已经涉及与科学史相关的近代西方概念在中译时,与中国历史上原有的用语的关系的问题。

正因为存在在概念的翻译和使用上的这种复杂局面,晓原兄在其新作《天学外史》第一章绪论中,专门讨论了他对"外史"这一重要概念的三重理解。这也可以说是我国在从事具体科学史研究的科学史工作者中不常见的、结合本人研究实践来讨论科学编史学问题的一篇有特色的文章。

或许,也正是由于晓原兄勤于对有关科学史理论问题的思考,才使他的研究独具特色。《天学外史》一书,在继承了《天学真原》一书原有的良好倾向的基础上,对许多问题又作了进一步的新探索,提出了许多大胆但又言之有据的论点,包括对许多权威们的观点的挑战。其中,我最感兴趣的,还是他对于中国古代"天学"的本来性质、功能,以及与我们现在通常所谈的"天文学",也即西方近代天文学的差别的深入讨论。当然,这样的论点很可能会使那些站在"爱国主义"的立场,过分拔高中国古代的"科学成就",以极端辉格式的做法试图论证在所有科学学科和重要的科学问题上都是"中国第一"的人们感到很不舒服。

我这样讲并非没有根据。虽然在本书的绪论中,晓原兄回忆了他1986年在山东烟台召开的一次全国科学史理论研讨会上发表了题为《爱国主义教育不应成为科技史研究的目的》的大会报告,以及在当时引起激烈争论的往事,并认为:"如果说我的上述观点当时还显得非常激进的话,那么在十年后的今天,这样的观点对于许多学者来说早已是非常容易接受的了。"但我以为,事实并非完全如此。就在最近,报刊上有关中国古代有无科学的热烈争论就很清楚地表明,像晓原兄的这类观点还是会有许多反对者,甚至激烈的反对者的。

在近来关于中国古代有无科学的讨论中,从历史研究的方法上来说,许多持中国古代确有科学者,实际上是对科学一词在不同语境下的不同意义视而不见。

科学,这个词在中文和英文中都有不同的所指。在最常见的用法中,所指的就是诞生于欧洲的近代科学。而在其他用法中,或是把技术也包括在内,或者甚至还可以指正确、有效的方法、观念,等等。当我们讲比如说中国宋代科学史,或印度古代科学史,或古希腊科学史时,所用的"科学"一词的含义,显然也不是在其最常见的用法中所指的近代科学,尽管古希腊的传统与欧洲近代科学一脉相承,而中国或印度古代的"科学",却是完全另一码事。而欧洲近代科学的重要特点之一,在于它是一种体系化了的对自然界的认识。正像我国早就有学者提出,中国古代没有物理学,只有物理学知识。这里之所以用物理学知识,正是指它们不是对自然界体系化了的系统认识。而这当然也并不妨碍我们仍然使用中国古代物理学史的说法,来指对于中国古代物理学知识的认识和发展的研究。对于中国古代天文学史,情况自然也是一样。而《天学真原》以及《天学外史》在对"中国古代天文学史"(如果我们仍可以这样说的话)的研究中突出地使用"天学"的概念而不用"天文学"的概念,也正是为回避以相同术语来指称不同对象而可能带来的概念混乱。

其实,在有关中国古代究竟有无科学的讨论中,许多人之所以极力地论证中国古代就有科学,其根本原因在于某种更深层的动机。例如,有人就曾明确地谈到:"当今相当多的中国科学技术人员,特别是青年一代,自幼深受科学技术'欧洲中心论'的教育,对中国优秀传统文化知之不多,甚至很不了解。当务之急是亟待提高认识,树立民族自信心的问题,而不是'大家陶醉'于祖先的成就的问题。"照此看来,要想达到这样的目标,不要说大学的课本,恐怕中国从小学到中学的现行科学课本都得推倒重写,原因显而易见:其中有多少内容是来自中国自己的发现? 有多少内容是中国古代的"科学"? 如今,我们都在谈论科教兴国,那么,是否依靠那些与近代科学并没有什么联系的中国古代的"科学",以及建筑在此基础上的民族自信心,就真的可以兴国了？答案显然是否定的。

如果对有关的概念充分明确的话,可以说,中国古代究竟有无科学的问题并不是一个很复杂的问题。至少,对于中国古代有无天文学的问题,《天学外史》(当然也包括以前的《天学真原》)给出的答案是十分明确的。

这里所谈的,其实只是作序者在读了《天学外史》一书文稿后的一点随想而已。《天学外史》所涉及的问题自然远不止这些,在一篇序言中,也不可能包罗万象地对论及所序之书的全部内容。更何况作序者的评价也只能代表本人,对一部作品,真正的评价,还应来自更广泛的读者。一部著作出版后,解读任务就留给了读者。不要说作序者,就连作者本人,也只能听任读者们的评判。但我相信,任何真正有见识的读者,肯定会在此书中发现有价值、有启发性的内容。

此系为《天学外史》(江晓原 著,上海人民出版社,1999年出版)所写之序。

4. 回天有术

屈指算来,这已经是第三次为晓原兄的天文学史著作写序了。当然,在晓原兄这三本我为之写序的专著之外,他还有其他关于天文学史的著作,如对占星术的研究著作,以及像性文化史方面的专著等出版。由此可见,晓原兄在学术上可谓异常勤奋,成果颇丰,且每本著作均有新意,而绝非以拼凑、重复等方式为写书而写书,实在难得,也足令我等科学史同行惭愧不已。

不仅仅对于历史学界和考古学界的人士,就连许多其他领域的学者甚至更大范围的公众来说,国家"九五"重大科研项目"夏商周断代工程"都是引人瞩目的一项重要研究课题。而作为此中的专题之一,对于武王伐纣之年代的确定,可以说又是一个1 000多年来一直为人们争论而无确切答案的著名难题。正因为如此,每当晓原兄主持的用天文学方法来对此难题进行的研究有些新进展时,各种媒体便争相报道。但媒体的报道总有某些不准确、不完备之处,也不能代替研究者本人的专业论述。终于，晓原兄对此问题的研究得到了惊人的结果，两篇报告其结果的专业论文，1999年年末在《自然科学史研究》和《科学》这两份期刊同时上问世。不过，期刊上的学术论文通常总是以极度浓缩的形式发表，不得不略去许多相当重要的背景和细节。因此，这本名为《回天——武王伐纣与天文历史年代学》的专著，由于系统、全面地阐述了对这一难题的研究，有着重要的学术价值，我们相信它必将成为一份经典的文献。

关于确定武王伐纣之年代的意义，关于用现代天文学方法来进行这项研究的创新，以及关于这项研究中的具体细节，在《回天》一书中已有详细的论述，这里不必多讲。在此序中值得谈及的，似乎倒是其他一些相关的问题。

首先，值得注意的是作者对学术研究所持的"智力体操说"。其实，不仅在此项研究中，在平日与晓原兄的交往中，也常常听他反复提及这种观点。我以为，正是由于把学术研究看做是"过程比结果要紧，方法比成果重要"的"智力体操"，而不是为了其他更功利的目的，才是晓原兄能做出这种出色成果的一个重要的先决条件。

其次，尽管晓原兄在此项研究中应用了新的方法和手段，但其以往对于中国古代天文学史（或按其本人更确切的讲法则是中国古代"天学"史）颇有新意的"外史"研究，也即对于中国古代"天学"之功能及其与社会政治之关系的研究,应该是一个非常重要的背景,是重要的基础。这些成果在其《天学真原》和《天学外史》两书中已有更详细的讨论,在某种意义上,正是由于有了那些关于星占与通天、天命与革命等关系的基础性研究,才有可能对中国古代的天象记录形成其独特的理解,并顺理成章地为后续的研究铺平道路。

再次,在此项研究中,思路和方法的创新是不可忽视的。如果说在思路上更多地属于研究者个人的话,在此项研究中,方法上的创新则不可避免地受制于当代天文学及其计算手段的最新发展。但天文学领域中的发展毕竟主要是为天文学的研究服务的,能够想到,并恰当地将其利用到历史的研究中,就应该说是一种重要的创新。其带来的,也就是像晓原兄所称的"建立在现代天文学方法之上的天文历史年代学"这一新的创造。

除了上述几点之外,我们也可以注意到像当代科学哲学的背景对于研究者的影响,如作者在书中所表述的对其成果之证伪性的关注,以及这种观念与其研究结论之确切性的关系,等等。像这样的意识对于科学史的研究者来说显然是非常有益的。

也正是在此书完成的1999年,我国第一个在大学中的科学史系在上海交通大学成立,晓原兄出任该系首任系主任。随后,又有中国科学技术大学成立了科技史与科技考古系。像这样的学科建制的发展,对于中国科学史的发展是极为关键的,是一种体制上的创新。但科学史在学科建制方面的创新只是为科学史的发展提供了一种可能,更重要的,还是在建制创新的基础上有更多的在研究上的创新。当下,创新一词忽然被人们所青睐。其实,创新又并不是什么新的概念。在学术上,任何时期都离不开创新。离开了创新也就不会有学术的发展。如果与科学史在西方的发展相比,我们不难看出,国内大多数对中国科学史的研究,虽然不乏非常严谨、精于考证之作,但在研究观念和研究方法的创新上,却落后许多。因而,体现在《回天》这部书中的创新的意义与价值相对也就是显而易见的了。

有了建制上的创新,有了研究方法和研究观念上的创新,科学史这门学科在中国的发展也就有了希望。

此系为《回天——武王伐纣与天文历史年代学》(江晓原 钮卫星 著,上海人民出版社,2000 年出版) 所写之序。标题为编辑此书时所加。

5. 时尚：好吃的科学杂烩

在传统中,科普书的典型特点,就是一本正经地介绍科学知识。有时,为了吸引读者,也会加些调料,但充其量,也不过是给那些科学知识裹上了一层"糖衣"而已。当然,这样的科普书也仍有其价值,不过,似乎近来读者已经不是很多了,许多人会对它们敬而远之。

近些年来,随着市场经济的发展,市场上又流行起另外一类有时也打着"科普"旗号,但实际上主要是在讲一些神秘离奇的内容的书,像什么地球人来自金星或火星、麦田圈的传奇、外星人与金字塔或 UFO,等等,而且,这些书在书店中还经常被放在"科普"专架上。许多严肃的科学家和科普工作者,会将这类书归入"伪科学"的普及之列。但显然这类书的销量却很不错,如果从社会心理学的角度来看,它们似乎更能吸引读者的好奇心而且阅读起来相对轻松。当然,从标准的科学的角度看,它们又是很成问题的。

近年来还有一些更带有文化性、带有一些新的人文研究前沿观念的"科普书",可惜的是,它们大多偏高深了些,与一般读者还有相当的距离。

在这样的背景下,侯歌写的这五册书,显然成了一种新的科普类型。初看上去,它们与同样的近来出现的非常重视可读性与时尚感的科学松鼠会的新作《当彩色的声音尝起来是甜的》有些相似,但细读起来,会发现又有很大的不同。它不是多人的文集,而是一个人在以一种开放的结构,以一种贴近生活的"人话"(相对许多不说日常语言的科普作品,这里的"人话"一词显然是褒义的),在许多直接或间接涉及科学的话题中和读者闲聊。不过,这种闲聊当中,却在带有了趣味性、可读性的同时,又免了那些被看做是"伪科学科普"的不科学。

这几本书从形式上看,大致可以分为科学史、传播学、法学、前沿理论、心理学等学科性的主题,但在讲述相关的故事时,却又不限于学科的约束,只要有关联性的内容,都放在了一起,从而形成了一种开放式的结构。此外,其中的很多故事和理论都没有定论,有的甚至会有两种相反的观点并存其中,让读者去思考判断,也让读者意识到,即使与科学有关的问题,也经常是复杂而无定论的。这是区别于现在流行的科普图书对某件事只有一种定性看法的写作方式。

正是在这种开放的、有趣的闲聊中,又渗透着某种人文的观念,从而使得书中的叙述更加打破常规而不只拘泥于传统科普作品的话题。阅读过后,无论是对于青少年,还是对于成人读者,至少有几个效果:一是开拓的眼界,增加了见识(而不一定是知识);二是满足了人们的好奇心和求知欲;三是有助于培养一种开放的、怀疑的、兼有科学与人文优点的思维方式。

几年前,侯歌曾在清华大学随我读科学传播方向的研究生,他是一个很善于有独特思考的学生。在这几本书中,他也有意识地将科学传播的前沿理论诉诸实践。我认为,这样的尝试是有价值的,它们完全可以作为科普图书发展中的一种更接近读者的新类型。

从我个人的阅读感觉来看,我觉得它们会受到相当一批读者的欢迎。

此系为《17 岁前不能错过的知识》丛书(侯歌 编著,北京出版社,2010 年出版)所写之序。

6. 爱因斯坦：一个可持续研究的话题

关于科学史上著名的科学家，爱因斯坦几乎可以说是最为著名的一位了。这不仅仅体现在公众心目中，在研究者中亦是如此。在科学家传记类的图书中，有关爱因斯坦的传记，应该是为数最多的，而在有关科学家的研究文献中，关于爱因斯坦研究的学术文献若要一一通读，恐怕即使对于专业研究者也很难做到。

爱因斯坦之所以成为人们关注的焦点人物，既是因为其超凡的科学贡献，也是因为其伟大的人格特点、哲学思想、对社会问题的深入思考和积极发言。在科学领域中的科学家们经常会面对这样一种情形，当一个经典领域中的经典问题已经被研究得极为深入之后，要想再深入研究并得出新成果，将是一件非常困难的事情。其实对于科学史和科学哲学的研究者来说，类似的困难也同样存在，像对爱因斯坦的研究，就是其中的典型。于是，就出现了这样一种矛盾的情形，一是学术界和社会传播中对于爱因斯坦依然保持着持续关注的热情(曾有一位资深出版人曾对我说,在科普书的书名中如果有爱因斯坦的字样,书的销售情况就要相对乐观),一是在学术研究中,想做出有新意的工作又极为困难。

也正是在这样的背景下,我指导的博士生杜严勇在其博士论文中,仍然选择了这样一块硬骨头,作了有关"爱因斯坦的理性重建"的博士论文,而后又几经修改完善,最终形成了这样一本爱因斯坦研究的新作。这样做一是需要勇气,二是需要下更大的工夫。从结果上来看,这部著作还是颇为值得一读的,也可以说是目前国内爱因斯坦研究的最新成果。

能够保证这部著作的质量的因素有许多,包括作者自身的努力和勤奋,包括作者的学术基础和学术眼光,也包括一些外在因素,如作者在读博期间,曾有机会获得国内外联合培养的资助,去美国一年,在那里师从国际上研究爱因斯坦的权威学者进行研究。由于这些原因,与那些更多依靠二手材料和闭门造车式的研究不同,作者依据大量原始材料和国际上最新的研究成果,再加上自己的独立思考,才完成了这部著作。它以理性重建为线索,在相当程度上反映了国际爱因斯坦研究的新动向和新见解。

也正是因为爱因斯坦如此引人注目,在国内各种不同类型的文献中,对爱因斯坦这一资源的利用是非常频繁的。

其实,我的研究生导师,也可以算作杜严勇的师爷辈的学者,许良英先生,就是在国内学术界最先系统地译介和研究爱因斯坦的先驱。许先生编译的三卷本《爱因斯坦文集》,即使在如今已有8卷国外学者所编的《爱因斯坦全集》出版的情况下,仍然是国内爱因斯坦研究的权威文献,更何况《爱因斯坦全集》何时在国际上能够出全,仍然不大可预测。随后,国内研究爱因斯坦的工作不算少,但真正能够跟上国际前沿,进行有实质性新意的研究确实并不多。因而,这样一本爱因斯坦研究新著的意义就很明显了,它至少可以为我们提供一些新的思路、新的线索,而不至于老调重弹,人云亦云,或干脆是自说自话。

这本书从定位上来看,大致可以说是一本很有科学史意味的科学哲学研究著作。关于书的具体内容,自然应由不同的读者从不同的立场以不同的眼光做出各自的评判,而不是由我在此代劳。但作为杜严勇的老师,我还是颇为欣赏他的工作,并为他能够有这样出色的成果而高兴,在此要特别祝贺。

爱因斯坦确实是一个宝藏,是可以随时代的发展而不断有新发现、新理解、新启发的研究对象,是一个可持续研究并常有新意的话题,问题只是以什么样的态度和方式进行有新意的研究。杜严勇的这本书也是有关严肃的爱因斯坦研究序列中的一个新环节,在此,谨希望此书能够有更好的传播,能对国内未来的爱因斯坦研究起到某种推动和基础性的作用。

希望未来有更多真正有新意的关于爱因斯坦的研究。

是为序。

此系为《爱因斯坦的理性重建》(杜严勇 著,同济大学出版社,2012 年出版)所写之序。

7. 科学之外的爱因斯坦及其意义

在科学史上，有形形色色各种不同类型的科学家，他们对于科学的贡献，在大小上，也有着差别。排除了一些有争议的或颇不靠谱的排名之后，应该说，牛顿和爱因斯坦应该是比较一致地被人们认为贡献和影响最大的科学家。也曾有人按照某些"计量"的"定量"方法来做这类评判，例如，选择最权威的科学家传记工具书对不同科学家的相关条目的长度等来衡量，结果差不多也是如此。

科学家之所以成为科学家，是因为其科学研究和科学贡献；科学家成为著名科学家，通常也是因为其在科学上重要的突出贡献。这当然是一个显而易见的说法。但是，科学家除了其从事科学研究的这个职业特征之外，也是一个人，也会在科学之外有着各种与科学相关或不相关的活动和言论。而且，我们也可以注意到，当一个科学家足够著名之后，那些与科学直接、间接相关，甚至与科学不相关的思想、观念、社会活动、言论等，也会成为专家们研究的内容。

例如,我们经常会看到,一些大科学家(这里的"大",大约包括了相当于"著名"或科学贡献特别突出的级别含义)与更多从事具体的技术性细节研究(当然这些研究也是科学的重要组成部分)的科学家相比,经常会表现出其对更深层的哲学等问题的关注和思考,甚至于对其他重要的社会事务也有着不同凡响的见解。当然,不同的科学家在这些方面的贡献的价值,彼此间还是有很大的差别。

不过,具体到爱因斯坦,应该说是在这方面非常突出的一个典型。以往,人们说到爱因斯坦,大多是因为其科学贡献,虽然也会有人谈及他的社会哲学思想等,但通常并不那么系统。而实际上,在对社会、哲学等方面的思考的深入性、独特性和启发意义方面来说,爱因斯坦可以说是科学家中非常特殊的重要人物。杜延勇的这本新作《爱因斯坦社会哲学思想研究》,便是目前国内对此问题最为系统全面的研究,对爱因斯坦的宗教观、民族观、科技观、教育观、自由观、世界政府以及社会主义思想等七个方面的内容进行了系统的梳理和总结。

正如作者在其书中所说的,他力图以三个指导思想(也可以说是"工作原则")来进行这项工作,即:

第一,思想与个人经历相结合。在探讨思想观点之前,将爱因斯坦的相关经历弄清楚,结合他的经历来理解其思想。第二,思想与行动相结合。行动体现思想,反映思想状态,因此,在探讨爱因斯坦的社会哲学思想时,尽可能与他的具体行动及其影响联系起来,从而形成较为完整的认识。第三,思想与历史背景相结合。为了更准确地理解思想的地位与价值,必须将其放在当时的社会历史背景中去分析。如果仅限于讨论爱因斯坦个人的论述,可能会过分拔高或贬低,从而导致不必要的误解。同时,还需要关注到同时代以及后来的学者对相关思想的分析和评价。

我觉得,此书作者在写作中基本上是体现和贯彻了这几条原则,而且,是在基于相当丰富的原始文献和其他相关文献的基础上,言之有据地、全面地描绘了爱因斯坦作为一个思想家、一个哲学家、一个关心社会事务的科学家,甚或一言以蔽之,作为一个知识分子(在这个词最原始的意义上)的光辉形象。

关于此书所讨论的具体内容,读者自会在书中读到,没有必要在这里多讲,但其重要意义,却正如此书作者在总结中所说的:

> 对爱因斯坦的论著阅读越多,对他的敬佩之情也就越深,这是阅读爱因斯坦的读者的普遍感受。爱因

斯坦的社会哲学言论虽然并不全面、系统,但的确是深刻的。只要他的社会哲学思想能够给我们一些启示,这其实就足够了。爱因斯坦毕竟主要是一位科学家,而不是神学家、教育家、政治家。当然,我们可以说爱因斯坦是一位真正的思想家。阅读他的文字,能够给人以启迪,从他的思想中得到精神与心灵上的激励与升华,而不是单纯地获得一些知识,这才是一位思想家真正的魅力所在。

阅读这本书,我的一个时时出现的联想,还是"知识分子"那个概念。

在网上的"百度百科"中,有这样一段还标注了文献出处的说法,即"知识分子"这个概念来自西方。据一些学者考证,欧洲有关知识分子的概念有两个,就现行较常用的英文来说,一个是 intelligentsia,另一个是 intellectual。前一个词来自俄国,1860 年由俄国作家波波里金(Boborykin)提出,专指 19 世纪 30 - 40 年代把德国哲学引进俄国的一小圈人物。"知识分子"是指一群受过相当教育、对现状持批判态度和反抗精神的人,他们在社会中形成一个独特的阶层。后者则是法国一些学者从前述的"德雷福斯"事件后开始广泛使用,这个词专指一群在科学或学术上杰出的作家、教授及艺术家,他们批判政治,成为当时社会意识的中心。

对比之下，我们显然会从此书的阅读中得出结论：爱因斯坦不正是这种典型意义上的"知识分子"吗？

之所以在这里谈起这些，其实一个潜在的原因，便是近来网上关于"公知"（公共知识分子）形象的变化，先是热炒，后是被污名化。在中国的语境中，"公知"与前述意义上的知识分子差不多是等价的，而且因为加上了"公共"这一限定词（姑且不论这一说法在更早期的历史上的含义），甚至可能让人更容易理解其性质和特点。但"公知"概念和"公知"形象在中国的遭遇，一方面有"公知"自身的原因（即其并未达到理想的标准和水平），另一方面也还有许多更复杂的原因，这里不说也罢。但我们在这里却完全也可以说，其实爱因斯坦正是那种理想的、典型的、标准的"公知"！

简而言之，此书的价值可以包括：

（1）让人们更全面地了解爱因斯坦这位伟大的科学家；

（2）让科学家可以有一个可供他们学习的理想榜样；

（3）通过对爱因斯坦的社会哲学思想的了解，让人们受到启发，去更好地思考更多的超出科学之外的重要问题。

是为序。

此系为《爱因斯坦社会哲学思想研究》（杜严勇 著，中国社会科学出版社，2015 年出版）所写之序。

8. 科学史与人类学

2007 年,我指导的博士生卢卫红以其对于人类学进路的科学史研究的科学编史学考察的论文在清华大学获得博士学位。随后,卢卫红先是到美国游学几年,后又到上海同济大学任教,并保持了对其博士论文的论题的继续深入研究。如今的这本专著,就是在其博士论文的基础上,根据后续研究进行修订、补充和完善而成的,是作者花费多年心血的成果。它的出版,除了对于作者本人的意义之外,更在于对国内科学编史学的研究的重要学术价值。

科学编史学,大致说来,就是以过去的科学史家们的研究成果,以及与之相关的著作为对象进行的一种有关科学史的历史、思潮、方法、理论基础等方面的研究,既有历史性,又有哲学性。如果把科学史家们的科学史研究定为一阶研究(其实如果把原点定在科学家对自然的研究,那科学史家的研究已经是一种二阶研究了),科学编史学就是在科学史研究之上的另一种高阶研究了。这里所谓的"阶"的高低，其实仅仅是指就其研究对象而言的一种类型分类而已。这样的研究，无论就其自身的学理价值来说，还是就其对人们思考、学习和研究科学史来说，甚至对于理解科学本身来说，如果不是过于目光短浅地过于功利的话，其实都有其不可替代的意义和重要性。尽管，无论是由于认识上的局限，还是由于大的学术环境的功利取向，就如同许多文学家并不认同文学理论的研究对于文学的重要性一样，也有不少科学史界的人及其他人未能充分认同科学编史学的重要性。但令人欣喜的是，我们现在可以看到越来越多的科学史和科学哲学等领域的研究者开始重视甚至从事科学编史学的研究。科学编史学，也正像若干此领域的研究者曾设想的那样，开始对科学史和科学哲学等学科逐渐产生了一些影响，尽管这种影响基本上还是间接的，但有时间接的影响甚至会在其长久性和深刻性上优于那些立杆风影的直接影响。

科学编史学的研究内容，既有传统的在科学史研究中已经存在了很长时间的主题，也有随着科学史的发展而浮现出来的新问题。人类学虽然自身有着很久远的历史，但就其渗透和影响到科学史的研究来说，显然是属于那种比较新的科学编史学研究论题。不过，在诸多科学编史学的新论题当中，这一论题，对于当下以及未来的科学史的研究和发展,却是有着其特殊的重要性的。

其实,说起人类学对于科学史的重要性和影响,作者在这本书中已经讨论得非常详细和充分了。在此,可以再提出几点笔者认为重要的要点。其一,具体来说,人类学对科学史的影响,无非体现在观念(理论)和方法(实践)两个方面,而这两个方面又是彼此关联的,如果对于这两者各自的特殊性以及它们彼此的相互关联缺少充分的理解,显然会极大地影响到对科学史的研究和理解。这尤其对于识别和改进许多以人类学的名义相称的科学史研究是有意义的。其二,鉴于长久以来在科学史领域中科学主义等的深刻影响,当科学史家可以借鉴甚至使用人类学的理论视角和研究方法来进行研究时,这种新研究成果会成为对传统的科学主义的科学史研究的某种解毒剂。进而,我们自然可以推论,这样的科学史研究,包括对这样的科学史研究的科学编史学研究,其影响和意义也会超出科学史的领域,对于科学本身以及人类认识自然类的方式与知识等诸多方面,能够带给人们启发性的新视角和新理解。

相对于传统科学观,人类学视野下对科学的看法有着很强的颠覆性。例如,它对于文化相对主义这一前提的默认,对于人类知识(包括广义的科学认识)的多元性的认可,对于"地方性"知识的注重,等等,都会引来站在传统立场的人的激烈批评和争议。但是,从另一方面,从一种新立场及其影响,以及从对未来的科学史的研究(科学观本来就是科学史研究的重要出发点和基础)来说,这种颠覆性也恰恰正是其价值之所在。

由于种种原因,包括国内科学史研究在注重理论方面的欠缺,在关注新进展方面的滞后,以及对科学编史学研究的重视不够,基础的薄弱使得要进行像本书这样的研究又是相当困难的。在十来年前,当本书作者刚开始进行此项研究时,几乎是从零起步。不过,十几年之后,在经历了艰难的努力之后,卢卫红终于可以拿出这部已经比较系统的研究专著,它的出版确实是一件可贺之事。我们也可以预期,那些愿意关注这一论题的读者,无论是科学史或科学哲学或其他相关领域的研究者,还是甚至仅仅是关注科学的历史、哲学和社会影响的一般读者,都会从中了解到,从国际的科学史研究的发展来看(此书中也提到了近年来国内为数不多但仍然非常重要的相关发展),还有人类学这样一个关键词会与之相结合,并相应地带来了那么多有新意的发现和成果,并可以带给人们以启发。就此,其重要意义便已不言而喻了。

在此,希望作者能继续这一研究课题,继续扩充和深入,也期待国内会有更多的关注者,有更多的人类学进路的科学史的研究问世。

是为序。

此系为《科学史研究中人类学进路的编史学考察》（卢卫红 著，同济大学出版社，2014 年出版）所写之序。标题为编辑此书时所加。

9. 科学、冷战与国家安全

    石海明的新作《科学、冷战与国家安全——艾森豪威尔政府外空政策变革(1957–1961)》一书,是在其博士论文基础上加以充实而成的。这是一部很有新意的著作。作者关注的这个历史上的时间段,正是在苏联成功发射了第一颗人造地球卫星之后,在美苏冷战对抗的背景下,美国艾森豪威尔政府外空政策发生了急剧变革,带来美苏两国开始在外空领域展开"外空军事化"和"外空竞赛化"的激烈军备竞赛的关键时间段。

    在学期间,石海明在我的指导下进行其博士阶段的学习和研究。由于石海明在军事院校工作,虽然博士读的是科学专业,其工作的院校却希望他的学位论文能够与军事研究有关。前后几经调整,最后他的论文选题方向就定在了这本书所讨论的问题和历史时期中。这也可以算是一种很有交叉性的研究,既可以算做国际关系史、广义的军事史(而且是颇有新意的外空军事竞争史),或者更为专门化的

"冷战史",也同样可以是军事科技政策史,是科学技术史研究的一个带有科学政治学意味的子领域。

其实,因为科学和技术与军事从来都是密切相关的,广义的科学史与军事的应用及相关联系也是非常紧密的。这种紧密,不仅仅体现在具体的科学技术手段在军事中的应用上,还体现在由于出现了科学技术这一重要因素,在军事、政治、外交、国家政策等方面,也相应地出现了特殊的响应,导致人们在思考和处理重大的国际关系问题时,会立足于自己和对方的科学技术实力。就过去在美-苏之间长期的"冷战"对峙中,这种涉及科学和技术的因素的影响一直就是无法忽视的。

本书作者在书中对前人的工作进行了较详细的总结和回顾。国内外以往对于相关问题的研究都不少见,已经有了较好的研究基础,但这样一个重大的历史问题,也仍然还有更多需要深入研究的地方。石海明的研究,正如他在书中明确指出的,"是要在前人研究基础上深入剖析出,在苏联'人造卫星'事件之后,美国在野的民主党势力及军方的某些利益集团是如何利用这一事件在所谓'外空差距'的争论中,通过渲染'国家安全危机',最终影响了美国外空政策的走向。"

这样,"国家安全"这一个核心概念就凸显了出来。显然是受到科学技术史、科学文化研究等方面训练的影响,作者认识到"国家安全"这一概念的建构性,并围绕着这种建构性,分析了美国和苏联的各种军事政策背后的更为实质性的动机和"理由",甚至最终得出了"依托军备竞赛获得的科技优势,其实并不能保障美国的国家安全"这样大胆的结论。

不同的研究者都会有各自不同的风格。石海明原有的风格是其思考的灵活性、反应的敏捷,以及对大众化传播的适应与热情。但博士学位论文的研究却另有更为学术性的要求。在他的研究过程中,也逐渐表现出了向着更为学理化方向的转变。作为一项历史研究,此书突出的特色,是其对文献的充分把握。作者利用到北京的机会,除了来清华大学听课,还仔细地查找了大量的原始文献,充分利用了美国国家安全委员会、国防部、中央情报局、国家情报委员会、美国洛克菲勒兄弟基金会及兰德公司等机构的解密档案,并参照对比了像艾森豪威尔、肯尼迪、杜勒斯、赫鲁晓夫及科罗廖夫等重要人物的回忆录等。进而,他还试图挖掘出苏联"人造卫星"事件背后公众舆论、科学家、政治家、军方等不同利益主体之间复杂的互动,以及这种互动背后更深层的社会文化因素。正是因为掌握了充分的一手文献,使得这项研究比以前的一些类似工作更为扎实,当然,也更有作者自己独特的思考和分析。正如常言所说,研究和理解历史对于认识和面对今天有着重要的借鉴意义。像这样的研究,对于我们思考科学技术与国家安全问题,思考相关军事政策的制定及其影响因素,对于我们更好地理解世界上超级大国间军备竞争的实质,对于国际关系史、冷战史、军事科技史、基于科学政治学的军事政策史等的研究,都具有重要的学术与现实意义。

就研究方法和相关的理论应用来说,虽然此书作者也谈到了他力图有所突破的种种努力,但此书采用的方法大体上还是比较传统的历史研究方法,并在此问题上尽力达到采用传统方法所能带来的新探索和新思考的边界。其实,方法和理论的采用是取决于解决问题的目标的。与以往前人的工作相比,在作者所设定的目标和对于目标的达到上,此书的研究在目前阶段可以说是非常理想的。不过,我仍然希望在未来的研究中,作者能够继续深入,拓展理论视野,对此问题及相关问题上做出在学理上更有独特新意的后续研究工作。

是为序。

此系为《科学、冷战与国家安全》(石海明 著,解放军出版社,2015 年出版)所写之序。标题为编辑此书时所加。

10. 在温柔思考中的强悍颠覆

　　非常欣喜地得知,章梅芳的《女性主义科学编史学研究》一书终于要出版了。在此,简要地写下一些相关的背景和想法,权作一篇像药引子一样的序言。

　　首先,无须回避地说,这本书所写的,其实是一个非常偏门的学科中的非常理论性的问题。其背景是,近几十年来,在国际范围内,女性主义的学术研究,从更早的女权主义运动和实践中生长出来,已经渗透到几乎所有的传统学术研究领域中,在某种意义上,成为了一种显学。

　　但与此同时,我们也要注意到这样几个现象。其一,虽然女性主义学术研究整体上有了相当充分的发展,但在与历史更为悠久的学术传统的抗争中,甚至在与那些在某种程度上颠覆了传统学术立场的后现代主义等思潮相比,女性主义的学术研究仍处于相对的弱势地位。其二,在整个女性主义学术研究的谱系中,相比像文学、历史、社会学等学科,对于科学的女性主义研究(这里当然不是指一阶的科学研究,而是指对于科学的历史、哲学以及对于科学技术与社会等人文的研究),也还是在女性主义学术研究中只占据了相对边缘的地位——尽管今天科学自身的影响力是那么的显赫。其三,在中国学界,虽然女性主义的学术研究近些年来,与以往相比,也开始有了相对的迅速发展,这一点从相关研究论文的发表和研究生论文的选题数量上可以看出来,但与国际学界相比,我们在这方面的进展又有着极度的落后。

在这多重相比之下,在中国,女性主义对于科学的研究,其边缘性自然可想而知。而且,就此书来说,从书名对论题的界定,我们还会发现,此书在上述几重边缘化之外,还要再加上一重,即哪怕是在科学史这个本来就不那么主流和被人重视的学科中,科学编史学的研究又是在更上一个层面上处于更边缘化的学科领域。

被边缘化的表征,便是一种弱势,经常表现为被误解、曲解、批判以及更为广泛的漠视。但是,被边缘化的弱势的研究领域,却同样有其不可替代的意义。从学术研究的规律来说,往往那些边缘的领域会有着更强大的生长潜力。而且,就像分形研究中的自相似问题一样,这种非常边缘的子领域的研究,其实同样可以具有在更上一层的意义上的学理的相似意义。当然,对于具体的研究者来说,做这样的研究的困难,也往往要更大。

就像作者在此书中所总结的,此书的前几章从科学哲学、科学史和女性主义等角度入手,对女性主义科学史研究的学术发展脉络进行了历史梳理,并对其编史理论基础、编史实践与编史方法论问题进行了理论和案例的分析,以传统西方科学编史学的演变和发展为背景,从整体上把握女性主义科学编史学纲领的内涵及其在西方科学史领域的位置;并从科学观、科学史观等角度对女性主义与科学知识社会学、人类学的科学编史学纲领进行比较分析,在进一步揭示女性主义科学编史学纲领的独特性的同时,也阐明其重要的学术价值和影响,并将女性主义的研究方法及女性主义技术史等问题纳入到讨论的范围。可以说,作者非常理想地完成了其设定的任务,非常全面、深入地揭示了女性主义科学史研究的特色、价值和意义与启发。

本书的作者章梅芳曾跟我在清华大学攻读科技哲学的博士学位。在就学期间,其学术理解力、研究能力和成果就已经获得了我所在单位诸多老师的一致好评。2008 年,她的博士论文,还曾获得"中国妇女研究会第二届妇女/性别研究优秀博士学位论文奖"。此书最初的基础,就是她于2006 年申请博士学位的博士论文。但与现在常见的那种为了某种功利的目的而将博士论文仓促地出版成书的做法不同,在毕业后的这些年中,她一直保持着对女性主义与科学的继续研究探索,并将这些年中取得的研究新成果补充到此书之中,使得此书的内容更加全面和充实。可以说,到目前为止,这是国内关于性别与科学研究方面最深入扎实的一本研究专著。

在传统的性别身份认同上,甚至在一些被认为是女性特有的认知和做事的方式上,温柔似乎是典型的特征之一。然而,在女性主义的立场、方法来进行研究和思考,其有意思的成果,却往往意味着某种对传统认识的强悍颠覆。对于科学,对于科学史,亦是如此。希望这样的工作,对人们从一个新的视角去理解世界、理解科学本身、理解历史、理解科学的历史,以及理解性别和人类自己,会有着积极的借鉴和启发意义。同时,也希望章梅芳能够在今后的研究中,继续在性别与科学的研究中取得更新的成果。

此系为《女性主义科学编史学研究》(章梅芳 著,科学出版社,2015 年出版)所写之序。

11. 以蒙医为对象的科学文化与公众理解的 STS 前沿研究之意义

从近些年来国际上 STS (Science and Technology Studies)
领域中的研究发展来看,除了传统的研究内容之外,涉及非
主流科学、地方性知识、科学人类学、对科学的公众理解等
方面的工作颇有增长的趋势。相比之下,国内在这些方面
的研究工作数量还不是很大,尤其是将这几方面的内容相
结合的工作就更不多见了。

例如,在公众理解科学,或者说科学传播领域,以往人
们大多注重的,也还是关于主流科学的知识性传播和普及。
虽然近年也有一些变化,开始注重科学知识之外的像科学
的历史、文化、方法、建制、建构、运行等方面的内容,但在对
象上,主流科学仍占据了绝对的优势地位。

主流科学固然重要,但如果采用更加宽泛的科学概念,
其实在西方主流科学传播之外,还有许多非主流的“科学”
传统。这里用的“非主流”一词,其实完全是在中性的意义

上的,只是用以区别那种在现代化进程中的影响和传播的广泛性上占据优势地位的西方近现代科学而已。但是,在现实中,由于不同的文化历史传统的影响,诸多"非主流"科学依然存在,依然为一部分人所选择,也依然在一定的范围中延续着其作用。人们也经常纠结于它们与主流科学的关系,这种关系有时甚至还会相当紧张,例如,目前社会上被谈论颇多的中医与西医之争,便是这种紧张关系的生动例子。

这些问题的存在提示我们,其实在纯学术的研究中,任何存在(哪怕仅仅是历史意义的存在)都可以成为研究的对象,更不用说在当下仍有影响,仍有文化价值和使用价值的那些非主流科学。更加延伸地讲,这些非主流科学或地方性知识在公众中的理解的问题,也同样是公众理解科学或科学传播所不可忽视的重要方面。

具体地,就医学而言,虽然在严格的精密科学的定义那种意义上其是否是"科学"的问题还有争议,尤其是临床医学更是如此,但在宽泛意义的科学概念下,人们也还是经常在现实中将其归于科学之列。而就现实中对公众的影响来说,因其与人们生活的密切相关性,就更要远胜于其他的科学门类了。在医学的公众理解方面,也同样存在着"主流"医学(也即所谓的西医)和"非主流"医学的问题。例如,当下普及性图书市场上,吸引了广大读者的保健养生类图书,其中绝大多数就是以中医为立场或理论基础的。对此类问题,科学文化和科学传播的研究者当然也不能无视。

这本《蒙古族公众的蒙医文化》,便是目前不多见的对于前述问题的具体研究。

正如在汉族为主的地区对中医虽有争议但人们却无法忽视其现实影响一样,在蒙古族地区,其极具地方性和民族性特色的传统医学,即蒙医,无论在历史上,还是在当下,也都依然为人们所使用,也仍然在相当程度上影响着人们的生活方式和就医选择。尽管像中医一样,在现代化的西医的强势发展的冲击下,蒙医也面临着生存和发展的新挑战。也正像在传统文化的影响下,虽然西医强势,但中医的许多观念也仍然在许多中国人的观念中顽强存在着一样(例如"上火")。在蒙古族地区,尤其是那些还不够"发达"的蒙古族的牧区和农区,蒙医仍是人们的就医选择之一。在那里的人们的日常生活中,蒙医的许多观念也依然深入人心。这些深入人心的观念,也是当下蒙古族传统文化被传承的重要组成部分。因此,无论对整体的蒙古族文化来说,还是特定地对于蒙医文化来说,更不用说对于少数民族的公众理解科学的研究来说,以蒙医作为特殊的案例进行深入考察,都是有着重要的理论与实践意义的重要工作。

但要对此进行研究,又有着很大的困难。此书的作者,恰恰具备了一些重要的优势:身为蒙古族,比较了解蒙古族文化;能够熟练地使用蒙语,可以与那些至今只讲蒙语的公众进行顺畅的交流沟通;系统地学习和掌握了对科学文化和科学传播的研究方法,尤其是在对这种特殊研究中所必需的科学人类学方法和意识;受过系统的哲学和科学哲学训练,如此等等。也正因为如此,本书作者通过多年的努力,终于完成了这本可以说是对蒙古族医学文化与对之的公众理解问题的第一次系统性研究的专著。

若干年前,此书作者包红梅曾是我在清华大学指导的博士研究生,此书的主体内容也源于她攻读博士时所写的博士论文,毕业后,又申请到了同样题目的国家社会科学基金,并将一些后续的研究补充进来,终于完成了这本很有特色的专著。在其就学期间,她给我的突出的印象之一,就是对于涉及地方性知识等学术问题非常出色的学术理解力,而这种理解力,也在本书的写作中有充分的体现。

像这样的研究,可以有多方面的意义。通过对蒙医的文化与公众理解的案例研究,除了对广义的公众理解科学研究之拓展的现实意义和学术意义之外,对于作为 STS 领域中当下热点的地方性知识的研究也同样是重要的研究成果。而这样的研究,正如前所述,恰恰是我们当下的研究中所缺乏的(其实在国际上对蒙医的文化研究也不多见,而对其公众理解的研究则几乎没有)。这也正是国内 STS 领域中值得倡导和发展的研究类型。

当然,对于人们更好地理解蒙古族文化和蒙医文化,对于蒙医的继承和发展,此书的意义就更为明显了。

是为序。

此系为《蒙古族公众的蒙医文化:一项关于公众理解医学的研究》(包红梅 著,金城出版社,2015 年出版)所写之序。

12. 锦笔书绣心

先说作者。

本书作者张朵朵,原学习艺术设计,后来在清华大学美术学院获得博士学位,其博士论文即为有关刺绣的研究。再后来,我曾作为其博士后合作导师之一,那时她研究的课题,是关于江苏镇湖的城市改造与当地绣女的工作空间及其与刺绣发展的有关问题。现在她关于刺绣研究的专著《绣的书写——中国刺绣的艺术与文化》将出版,并请我写序,在这里,便就我的理解对其人其书略作论评。

张朵朵是一位非常有天分而且努力的研究者。当然,有天分且努力的研究者在当下虽然并不少见(其实也并不多见),但我更愿意说,她又是一位非常有学术感觉的研究者。这后一评价就比较高了。从学术轨迹来说,她以前曾学习艺术设计,也曾非常认同现代化艺术与经济相结合的发展,但从博士学习期间选择了刺绣这一非常"土"的研究对象之后,其理念和价值也产生了转变。作为一种从人文

177

的立场对艺术进行研究的学者来说,在当下,这是非常重要的转变,而且这种立场及价值判断的变化,也是与人文学术研究的发展趋势相吻合的。在博士后期间的研究中,除了沿袭博士论文研究的刺绣的主题之外,她又加入了现代化发展的环境变化因素,以及性别视角、工作空间等颇有后现代意味的要素,做出了非常有学术价值和新意的研究工作。

再说此书。

在前述的有关作者的背景下,我们再来看这本在很大程度上基于其博士论文但又很多基于后续研究而修改与充实的专著,会看到有这样一些突出的特点。

首先,这是一部比较系统的对于刺绣这种民间工艺(按照作者的说法及新的评价标准——也是艺术!)的综合研究著作。作为一种研究工作,如果研究者只是把研究作为一种职业劳作,而对研究对象没有价值认同,那将会在很大程度上影响其对研究的热爱并进而流于旁观性的就事论事。当然,如果站在批判的立场上进行"反向"的研究,那其实也可以表现为一种反向的深切关注与"反向的热爱",仍然可以让研究者深入地介入其中而不只是浮光掠影地完成"职业需求"的工作。在这本《绣的书写》中,我们可以看到,作者是以一种正面的深度认同的欣赏的立场来进行研究的。正如作者在书中所说的,这是一种对于在现代科学技术下已经式微甚至被视为"落后"的传统手工艺的"聚焦",对

"地方性知识"（local knowledge）及"本土化知识体系"的关注，这一特点，决定了此书是呈现出作者真实情感的研究之作。

其次，对于刺绣，以往还是有一些研究工作的。但以往的研究有两个问题，一是还不够全面系统，二是在观点、立场和理论上比较传统。在张朵朵的学习和工作期间，曾在我工作的清华大学科学技术与社会研究所听了不少有关STS（即科学技术与社会）方面的课程，并表现出了对于许多新的理论的兴趣和理解。在这本新著中，我们可以看到诸多人文、艺术、科学等前沿研究的关键词出现。例如像后殖民主义、女性主义、"上下文"、新社会艺术史、结构主义、心理分析，甚至于像对称、分形、视知觉、神经生物学等，特别是作为本书核心的颇有后现代文化研究取向的基于对"上下文"的研究"书写"！对这些新的理论资源的利用，突破了传统的艺术研究的局限，将对刺绣这一传统对象的研究提升到了一个新的阶段、新的高度。

再次，是研究方法。一方面，除了对历史文献的传统研究之外（当然其中亦有新的解读），花费相当多时间的田野调查是作者采用的有特色的方法之一。在其博士后研究期间以及之后，笔者也曾几次和张朵朵一起下到田野，特别是在江苏镇湖的调研中，看到张朵朵与当地绣女亲密相熟打成一片的场景。也恰恰是由于刺绣这一研究对象的特殊性,这种深入实地长期进行甚至颇有人类学意味的田野调查的研究,为作者提供了纯文本研究所不能完全提供的直观感觉以及对现实的直接把握。另一方面,作者也尝试利用数理统计及分析等实证的社会科学研究方法,这也构成了本书的特色之一。

最后,是研究结论。其实,作为一项好的研究,有启发性的发现应该是散布在字里行间,而不只限于最后的结论。但此书提炼的一些观点、看法和解释,也是颇有新意并值得重视的。例如,作者认为在刺绣中,实际上体现出人的身体与精神、人与自然之间的关系,以及自然本身的和谐展现。作者亦将刺绣发展的过程视为从工艺技术发展到艺术的过程,并将刺绣工艺提升到艺术境界的高度。又如,通过对绣品的作者、作为寓情对象的使用者的观者,以及侧重于对刺绣进行欣赏的观者对刺绣的"观看"分析,可以看到对物化的刺绣技艺和对刺绣展示的形式美感的赞叹和情感,这可以归结为刺绣的艺术美;对通过刺绣投射出作者品性的赞美,则可以归结为刺绣表现的道德美;而这些不同角度进行的赞美与评价都是在同一个社会性别制度背景下——刺绣是女红的一部分,亦是女性美德表现的一方面。尤其是,作者认为对于刺绣的基本评价应该是基于上述多方面的综合考虑的,而且这一基本的评价标准应该为"巧"! 如此等等。

当然,任何一部研究著作也都不可能在方方面面都尽善尽美，但是否在学术上有新的推进，却是最为重要的。此书在这种标准上，应该说是一部值得关注的对传统手工艺的重要研究之作。而在本书中那些未能充分展开或有所忽略或着力不够之处，也正是未来研究可进一步深入的可能空间，例如，像对于相关后现代理论更为自然的结合，对于颇有性别意味的"巧"的问题的更深入研究等。

相信张朵朵未来在此领域中会更有所为。

此系为《绣的书写》(张朵朵 著，东华大学出版社，2015年出版)所写之序。

13. 以多种新视角重构大明山

　　黄世杰先生,是我的朋友,他也是一个很有特色的学者。他表面上看去,绝不像一个"标准形象"的学者,然而,其知识面颇广,学术感甚好,许多有关人类学的问题,我都曾大大受惠于他。若干年前,我曾为其《蛊毒:财富和权力的幻觉》一书撰写书评,认为那本书以其有趣的(在我看来"有趣"是一个很高的学术标准)选题,及以人类学的方式对之进行的探索,对科学史的研究者们颇有借鉴意义。近些年来,知其主要沉迷于两件事,一是风水,二是有关大明山的研究,也陆续看了一些他的相关论文。在他的新作《岜社(Byacwx):壮族神圣祖山大明山》写出后,嘱我为之作序。因系外行,在此,只是谈谈自己的阅读感想而已。

　　黄世杰先生这部著作,以他出生在其脚下的广西名山大明山为核心对象展开叙述,我愿称其写作是"以多种新视角重构大明山"。在这部书中,他主要做了这几件事:

　　(1) 作为全书的开篇和背景,重写了大明山之"山志",

并将大明山的历史推到了远古时代；

（2）论证了《山海经》中记载的上古及先秦时期古人崇拜的神圣宇宙空间——"天地之中"，也即建木分布的都方之野，就是大明山；

（3）论证了天地之中之昆仑山地理原型来自广西大明山；

（4）论证了盘古化生神话文化的重要发祥地也是在广西大明山。

此外，此书的最后两章，基本上属于壮学研究，涉及壮族支系文化的生成机制等问题。

在这些论述中，作者的观点经常是相当大胆，相当有挑战性的。就我所见，此书的写作大致包括了以下几个特色。

其一，是在研究方法上的交叉性和视角上的多重性。例如，在论证大明山即是都方之野的"天地之中"时，作者的方法和视角涉及神话学、民族学、文化人类学、民俗学、地理学、风水理论、易学，以及文本考据等。而在盘古一章中，正像作者自己承认的那样，支撑其观点的是"六把尺子"，即：地理、堪舆、图腾、敬祖、活化石、民俗。这种以新的方法和视角来探讨传统有争议的学术问题，显然可以得出更有启发性的新论点。

其二，是在基于作者独特的新观点的前提下，进行相对严密的逻辑论证。例如，在有关大明山作为"天地之中"的论证中,作者提出,以前许多人都因未能分清说到先天八卦图和后天八卦图在历史上出现的次序,以及两者在空间方位上的截然相反,而作者则在此前提下,再进行分析与推论,并给出自己与前人不同的新结论。

其三,是作者独特的学术背景,使得此书的讨论独具特色。这一是指作者身为壮族,对壮语有很好的理解;二是指作者对人类学与民族学的理想把握;三是指作者熟悉易学与风水理论,而且不怕那些会被说成是"伪科学"的指责,非常大胆地将其作为论证的工具。作者还对此给出了学理上的辩护,即"对于人类学家来说,寻求'原生文化'的'土著解释'是一件比较重要的事情,风水是否科学以及它的真假如何并不重要,重要的是,反映在其背后的社会信仰和意识形态及其社会政治结构存在"。甚至于,作者还将历史理论中的辉格与反辉格式解释也颇为合理地作为论证其研究方法合理性的依据。正是作者在学术背景上的这些独特之处,使得此书显得与众不同。

其四,是其讨论的话题与采用的证据涉及领域的广泛性。例如,在讨论古代人宇宙观对其文本表达上的相关性时,对于盖天说等的分析,实际上已经进入了中国古代科技史的领域;在关于大明山有关实际地质地形等与古代文本所谈的特征相对应的证据,就来自作者颇有自然科学研究或博物学研究意味的实地考察(笔者还记得前两年黄先生曾陪我去大明山,并兴致益然地将他发现的证据一一示我)。也许很难将此书的研究定位于某一孤立的学科,但这并不重要,其实学科本是为解决问题而服务的。重要的是提出问题和对问题的解决。

最后,是作者对其民族文化的"文化自觉"。也正是在这样的背景下,他才会得出结论,认为"无论在古代还是今天,大明山都是壮族传统文化中最神圣的名山,在壮族文化发展中具有极为殊胜的地位"。也许有人会认为以这样的立场来进行研究会不够客观,但实际上,如果借用科学哲学的"观察渗透理论"来看,在观察证据和观察陈述中,并不存在那种理想的纯粹客观性,这种鲜明的倾向性,反而可能会带来更有创意的新观点。当然,在采证和论证的过程中要遵循学术规范还是必需的,而这也是此书作者所做到了的。

还是如前所述,因为笔者在黄世杰先生涉足的诸多学科领域均为外行,在此,只能从普通读者的角度,从一般学术阅读的眼光对此书的特色谈些个人感受。虽然没有资格对其最终结论说三道四做评判,但从其论述来看,应该说还是很有说服力的。像这种涉及远古历史的一些话题,因为有关证据总是零散而不系统,也许不同观点的并存反而是学术界的常态。这样的情形,甚至对于一般历史学来说也是如此,因而,才有"一切历史都是当代史"之说,也即一切历史都是基于某种立场、某种视角、对某些问题的关注而进行的不断"建构"。正如黄世杰先生所设想的,他的结论也许会对"上古时代的文化中心在哪里"这样一个问题引起新一轮论争。但这种提出新观点,并给出有力的论证的做法,让人们思考新的问题和新的答案,将给人们带来新的启发。这已经就是学术研究的理想结果了。

　　是为序。

　　此系为《岜社:壮族神圣祖山大明山》(黄世杰 著,即将由广西科学技术出版社出版)所写之序。

14. 让普通公众能够理解的科学家传奇

　　其实,就一般情形来说,普通公众对科学家通常是敬而远之,很少有特殊关注的。这主要是因为科学理论的抽象难懂及与日常生活的远离,在公众眼中,科学家的生活与工作似乎总是会被罩上一层神秘的面纱。当然,也有例外。因为现代科学和技术毕竟已经极大地影响到了社会生活和文化,越来越普及的基础教育中总有科学的一部分,甚至哪怕是道听途说,人们也会知晓几位科学家的名字。在这种意义上,那些著名的科学家,就颇有些像演艺明星一般,即使对其人不甚了解,名字总还是如雷贯耳的。

　　在科学史的研究中,人们通常也会依科学家的贡献而将其学术地位分层,这种分层,在某种程度上与科学家在公众中的知名度又有一定的相关性。那些顶级的科学家,如牛顿、爱因斯坦等,甚至成为科学的某种象征。在众多科学家传记中,这些顶级科学家的传记的数量也总是最大的。甚至曾有一位资深的出版人告诉我,他的经验中,在书的标题里有像"爱因斯坦"这样的字样,对于图书的销量都会有所增大。可见,公众对于顶级、最著名的科学家的某种追捧,也是现在存在的一种现象。

不过,何为顶级的科学家,通常人们会按照学术标准来判断,尽管这种判断有时也会有一些争议。然而,对于最著名的科学家,则可按照其社会影响、社会知名度来衡量。而这两者间的关系,有时也是很有意思的话题。

霍金,就是一位可以作为这样的话题来分析的典型人物。用"传奇"来称其传记,也是恰如其分的。

作为一位物理学家、宇宙学家,霍金在专业领域中确实有突出的贡献。但这种贡献与像爱因斯坦那样的顶级科学相比究竟如何?这虽然是可以讨论的问题,但在学术上,通常人们毕竟不会像评价爱因斯坦的工作那样,将霍金与之放在完全同等的地位上。但是,近些年来,霍金在社会上的知名度却似乎并不亚于爱因斯坦,这在很大程度上,与他成功的普及性著作《时间简史》等的畅销有很大关系,也与其身患严重的疾病却仍成功地坚持科学工作的传奇有关。这一现象,一方面反映出现在的社会对于科学家的关注,既与科学家本人涉身于大众传播有关,亦与大众传媒对科学家形象的塑造和传播有关,而不仅仅只是由科学家的学术成就单一地决定了科学家的知名度。

过去,传统的看法是,科学家的科学工作,或者学术著作才是决定科学家名望的唯一基础。但现实社会已经有了不小的改变。像过于有人曾嘲笑公众对于作品的作者的关注,就像吃了鸡蛋还要关心下蛋的鸡一样。但现实是,公众恰恰因为鸡蛋好吃而要关注下出了好吃的蛋的鸡。不管这种关注是否理性,但至少就科学而言,却是让公众能够接近科学和科学家的良好机会。

具体再回到霍金的例子,其实他除了人生的传奇之外,他的科学工作正好是属于很前沿、很艰深,是通常最让公众避犹不及的那种理论物理学的研究。就是在他的普及性著作中对自己的工作的介绍,其实也还是很不普及,不那么好懂的。不过,在杨建邺先生的这本可谓是典型的"标准传记"式样的霍金传中,作者很好地处理了严谨与通俗的关系,以很有可读性、很通俗的方式介绍了霍金的科学贡献,并很好地处理了通常科学家传记中最难处理的科学家的生活和工作的关系问题。因而,阅读这样一本传记,可以让读者以相对最轻松的方式最大限度地对霍金这位科学家的传奇有一个比较准确的了解和把握。

在这里,可以回忆起我本人曾与霍金有所相关的两件事。一件,是有关这本传记中提到的霍金1985年首次来中国访问的故事。其实,从合肥来到北京后,霍金也并非没有大型的学术活动。记得当时我刚刚研究生毕业,听到相关信息后,曾到北京师范大学去聆听了霍金的一次规模也算是很大的学术报告。当时,霍金还能艰难地自己讲话(还没有用上后来依赖的语音合成器),但只有助手能够听得懂,所以当时的报告是先由霍金一句一句地讲,再由其助手一句一句地用标准英文说一遍,然后才由译者译成中文。记得当时先是由刘辽教授翻译,后来因为译得有些不够顺畅,又由方励之教授接着译了下半场。但当时霍金瘫坐在轮椅上做报告这种在学术界罕见的场景,还是极大地震撼了我。报告结束后,我找机会站在霍金旁边,让同学帮助照了一张我与霍金的合影。现在,那张图像并不理想的黑白合影照片,仍为我所珍藏。还有,在做这些事时,我亲眼看到,在霍金(当然是由他的助手帮着)拿的公文箱中,只有一本书,就是那本爱因斯坦经典的科学传记《上帝是微妙的》。

当时,在很大程度上让霍金成为公众人物的那本《时间简史》,还没有写出。

另一件事是,后来,霍金出版了全球畅销的普及名著《时间简史》,在这本书的巨大成功之后,又再接再厉地出版了《果壳中的宇宙》,以后再后来的《大设计》等一系列名牌畅销书。中国大陆也翻译出版了这些著作,并以湖南科学技术出版社的译本最为流行。湖南科学技术出版社曾找我座谈,让我帮助他们构思一个广告语。最后,我想出了"阅读霍金,懂与不懂都是收获"这句广告语,一度曾成为当年的年度流行广告语,而且,也一直被湖南科学技术出版社作为霍金著作中译本的广告语用到今天。

讲这后一件事，又再次涉及霍金的科学工作，以及他的科学普及著作对于公众阅读的难易问题。霍金的《时间简史》一书一度曾成为文化流行时尚读物，许多人会觉得没有读过这本书会让自己显得很不时尚，很没文化。但实际上，真正能够读懂其基本内容的人并不多，许多人也坦率地承认这一点。为什么一本很难读懂的书会成为畅销流行的时尚读物，这自然是需要专家去研究解释的问题。但我设计那句广告语时，却是实在地考虑到了这一现实的背景。后来，关于这句广告语也有一些讨论，比如何为懂，何为收获，如此等等，在此就不多说了。

但我在这里讲这个故事，想说的是：无论如何，懂总是比不懂要好，懂得多总是比懂得少要好。对于霍金这个难懂的传奇人物，杨建邺先生所写的这本传记，恰恰提供了一种相对易懂而又不失趣味的捷径。我相信读者在阅读过后，自会有意无意地检查各自的"收获"并做评价。

希望他们会满意。

此系为《霍金传奇：病魔成就的人生》（杨建邺 著，金城出版社，2014 年出版）所写之序。

15. 《多媒体时代的粉笔末》序

　　我认识褚慧玲,是几年前在新课标物理教材刚刚开始编写时。那时,她在编写组中,而我,则三天打鱼两天晒网地参加编写工作,其实,主要是参与一些讨论。

　　后来,又陆续地看到了褚慧玲发表的一些文章,有些是研究性论文,另一些,则是随笔一类的东西。我感觉这些文字确实是有一些特色的。

　　其实,由于现行体制的某些要求,在普通中学教师的考核和晋升等过程中,也经常很形式化地要求发表多少论文。虽然不能说要求中学教师发表论文不对,但是当这样的要求过于机械化、过于刻板时,也会带来一些副作用,以至于那些论文往往只具有一种在数字统计时才会被人注意的功能。而像随笔这样的文章,则既不能用来应付考核或评职称,又无法因为写它们而获得体制化的学术承认,再加上这种文章远比学术论文要更难写,于是便很少有中学教师愿意去写这样的文章了。更有甚者,不仅对中学教师是如此,对于现在的大学教师，情况也是相同的。

但褚慧玲的情况则似乎有所不同。首先，她并不需要有更多用来评职称的"学术成果"，但却依然写了不少的学术研究论文。其次，她也并不因那些"非学术性"的随笔很难得到体制化的承认，以及撰写这类文章的困难而停笔，依然写了相当多颇有可读性并对教师和学生有某些启发价值的随笔。这些随笔性的文字汇集起来，就是这本名为《多媒体时代的粉笔末》的集子。

前面说到，随笔性的文字要比那些学术性的论文更难写，这本是我一贯的看法，在清华大学我给学生开的一门有关科学文化写作的课程中，也是这样讲的。我开的那门课主要教授的就是非学术论文的写作。因为学术论文在形式上，有着一套近似于八股化的格式，通常并不要求文采，也不强调可读性，只要表述得清楚，只要表达准确，只要确有学术创见（其实这最后一点是很难的，时下很多被冠以学术论文名义的文字远远达不到此要求），便是合格的。而对于随笔，在理想的情况下（注意，我说的是在理想情况下），首先是要有较好的学术积累，这样才有其价值，才有基础；其次又要顾及文字的可读性，必须注意写作技巧，否则还是很少有人会去阅读。因此，会写学术论文的人，未必写得出随笔，至少写不出理想的随笔，而随笔所面对的又是相当市场化的竞争，不受读者欢迎，便是彻底失败。所以，能够写出如此多的随笔,并有机会结集出版,这正说明了褚慧玲写作的成功。

在目前可见的被称为随笔的各类文章中,关于教育,特别是关于科学教育的随笔又只占很小的比例。也许这与这类文章合格的写作者数量的稀少有关,而这种稀少,又与我们长期以来在教育中存在的科学与人文的严重分裂有关。

不过,关于要弥合科学与人文的分裂已是国际教育界长久以来的努力方向,这种努力在国内现在也反映在像以新课标为代表的基础教育的改革中。当然,要彻底改变一种传统,绝不是一朝一夕的事,但与此同时又是必须从现在做起的事。因此,像这本集子这样的"成果",本应是得到公正的承认的。即使那种体制化的承认会滞后一些,至少在已经存在的市场需求下,也已经表现出了它自身的某种价值。

这本集子中的这些文章,基本都与科学教育有关,是作者的思考和实践的总结。其中,一个非常值得提及的特色,是在这些文章所反映出来的倾向,恰好也正是目前在科学普及的改革发展中,以及在正规的基础教育改革中为人们所倡导的。因此,如果它们真的能够为一些教师,甚至一些学生所阅读的话,显然会有它独特的意义。

褚慧玲将她编的集子预先示我,并希望我为之起名和作序。我想到的《多媒体时代的粉笔末》这个书名,其中也有某种象征性的意味。多媒体时代的说法，通常象征科学的进步，象征现代化。而粉笔，则更是代表着一种教育的传统，象征着一种更为人文的价值取向。两者的并列或者说结合，则代表了在现代化和传统之间，在科学与人文之间的一种张力。而"末"这个表征着细碎并有某种微不足道的含义的字，正好可以象征着随笔这样一种随意的、非刻板的、与那种长篇大论的学术论文大不相同的特殊文体。褚慧玲认可了这个书名，也正反映出这种想法与她的倾向之吻合。

而序言，就是上面说的这些仍是细枝末节但却也还觉得应该说一说的"废话"。好在它只是一篇序言，并不代表这本书的作者。

其他的，而且更重要的评判，就应该由读者做出了。

此系为《多媒体时代的粉笔末——物理教育散记》（褚慧玲 著，上海社会科学院出版社，2006 年出版）所写之序言。标题为编辑此书时所加。

16. 詹天佑：小说与科普

这是一本很好看的小说，一本传记。

读过这部详细地描述了为中国近代铁路发展做出了关键性贡献的工程师詹天佑之一生的《家国情缘》，让我对詹天佑这个传奇人物的了解增加了许多。我还记得，许多年前，在去北京八达岭长城旅游时，曾在那里的青龙桥火车老站看见詹天佑的雕像，以及有关他的简要人物介绍。那种印象还是非常深刻的，不过非常惭愧的是，身为主要从事科学史教学和研究者，当然也部分地与科学史研究工作的专业化有关，笔者除了有限的一些近乎常识性的有关詹天佑的知识之外，对这位中国近现代工程技术发展史上占有突出一席之地的重要人物没有更多的了解。因而，这种感受虽然是个人的，却也从一个方面说明了这部作品的意义。

此书作者陈典松先生，将其创作定位为"长篇历史科普小说"，这倒是一种很有创意的分类。当然，在写作者有了这种特别的意识之后，自然会使其创作带有一些与其他类似作品有所不同的新特征。在我们的传统科普作品中，长期以来，主要关注的是对当下主流科学知识的通俗化传播，虽然这也是科普工作中很重要的一个方面，但随着科普事业的发展，对传统科普类型的扩展已经成为时代的要求。突破仅仅着眼于对具体科学知识进行普及这一约束和局限，把科学和技术发展的历史，把与这种历史发展相关的人物和社会背景也纳入到科学普及中，并在这种普及中传播有关科学技术是如何与人、与社会相互作用的内容，这应该是科学普及发展的方向之一。

我们可以看到，在其他面向公众普及的领域中，比如像中央电视台的"百家讲坛"，可以在公众中产生很大的影响。但"百家讲坛"近些年来，却只是把内容集中于一般的历史、传统、文学等领域。这一方面说明对于历史等人文内容，公众是有着相对浓厚的兴趣，但另一方面，在像"百家讲坛"涉及的内容中缺少与科学和技术相关的东西，又不能不说是一种在面向公众的文化传播工作中的明显缺陷。因而，在像《家国情缘》这样的作品中，既是以工程师作为主角，既充分地介绍了其人生和为中国近现代铁路发展所做出的贡献，又从一个特殊的角度将中国近现代工程技术史，甚至于更广泛的社会历史背景，一并展示给读者，这当然是非常有价值的工作。

本书作者虽然强调他是在写"历史科普小说"，而不仅仅是人物传记,这表现出了作者的某种写作倾向和对其传播之内容的某种特殊关注,但在作品的样式和类型上,这本书仍然是传记的形式。传记本来就是各类历史作品中最受公众读者欢迎的类型之一。但传记又可以分成不同的类别,如最为严格地遵循历史研究规范写成的资料性的传记或评传,在市场上读者最多的"标准传记",以及可以由作者自由地进行虚构的小说化的传记,甚至于完全基于虚构而仅仅在形式上保留了传记特点的所谓传记式的小说等。这部作品大致应该是属于文学性较强的"标准"传记类型,但显然作者在对有关资料的掌握方面下了很大的工夫,不是对历史人物的戏说。如果苛刻一点,也许可以挑剔地说这部作品的主人公在作者的笔下略显"理想化"了一些,但在目前这种阶段,再考虑到作者所设定的科普目标,这个微瑕也还是可以接受的。总体上讲,本书作者在这种严肃的写作态度和保持作品的可读性之间的平衡,对于读者面,也即作者所设定的"科普"对象范围的扩展,显然是非常有积极意义的。

无论是一般性地讲历史,还是特定地对于新型科普作品的开拓,这本关于詹天佑的传记或历史科普小说,都是一种值得肯定的、有积极意义的尝试。

在承载了前面所说的那些科普理念的同时,希望这本书能为更多的读者所接受,毕竟,一部科普作品是否成功,来自读者的检验是最重要的。

　　此系为《詹天佑》(陈典松 著,花城出版社,2011 年出版)所写之序。标题为编辑此书时所加。

17. 科普经典，名作名译

　　在伽莫夫的科普名著《从一到无穷大》于 1978 年首次在中国出版了中译本的 20 多年后，根据该书新版修订的中文版终于得以重新问世，确实是中国科普出版界的一件大好事。

　　其实，现在国内每年都有大量原创与翻译的科普著作出版，其中，虽然确有许多平平之作，但也不乏优秀作品。不过，与那些作品的出版相比，《从一到无穷大》这本书的重新修订出版仍然有着与众不同的意义。这部分地是由于这本科普名作特殊的质量，也部分地是因为它在中国科普出版背景中的特殊地位。

　　我第一次读到这本书的中译本，还是 1978 年刚上大学一年级的时候。当时，刚刚恢复高考，但即使对于像北京大学物理系这样的地方，可以让学生们自由地阅读的课外读物也少得可怜。记得还是在上高等数学课的时候，一位教微积分的数学老师认真地向我们推荐了这本刚刚出版了中译本的科普名著,并对之赞不绝口,建议我们最好都能找来读一读。在老师的推荐下,我开始阅读此书。现在,已经记不清当时究竟是从图书馆借来的,还是从书店买来的了,反正后来在我的书架上一直保留着这本书。不过,现在在我脑海中印象依然清晰的是,当时没有想到一本科普书竟会是如此的吸引人,我几乎就像是在读侦探小说一般,在一个晚上就手不释卷地一口气将此书匆匆地读了一遍。当然,对于这样一本好读而且引人入胜的书,只读一遍显然是不够的,甚至于许多地方还看不大懂,于是后来又读过几遍。

也许是因为当时可以得到的书籍太贫乏,也许是因为第一次读到优秀科普著作带来的兴奋感太强烈,至今,我仍然以为《从一到无穷大》这本书是我所读过的最好的一本科普书。不过,除去个人色彩,这本书无论从其作者的身份、背景来说,还是从其自身的水准来说,在诸多的科普著作中,也都可以说是超一流的,连译者的文笔也颇为流畅,极有文采。

伽莫夫,系俄裔美籍科学家,在原子核物理学和宇宙学方面成就斐然,如今在宇宙学中影响最为巨大的大爆炸理论,就有他的重要贡献,甚至于在生物遗传密码概念的提出上,他也是先驱者之一。早年在哥本哈根随玻尔学习时,他就在玻尔的弟子当中以幽默机智著称,从他的著作中,我们也可以看出其深厚的科学修养和人文修养。除了科学研究之外,他的科普写作虽然远远没有像阿西莫夫那样的科普作家数量那么大,但却本本都有其自身的特色,并且长年拥有大量的读者。

在相当长的一段时间中,我们的科普界似乎有一种很流行的观念,即认为好的科普著作,就在于以通俗的语言准确地向普通读者讲清科学道理。当然,这也是一种类型的科普,但却绝不是唯一种类的科普,更不是科普的最高境界。作为一本优秀的科普著作,语言的通俗和科学概念的准确只是最起码的必要条件,甚至于连趣味性都可归入此列,除了这些基本要求之外,真正优秀的科普著作应该能向读者传达一种精神,一种思考的方法,能带给读者一种独特的视角,以及一种科学的品味,一种人文的观念。要达到这些标准,就对科普作家提出了更高的要求。在《从一到无穷大》这本书中,我们完全可以看到这些特征。

在《从一到无穷大》这本很有个性和特色的书中,与其他常见的按主题分类来写作的科普著作不同,伽莫夫完全是一种大家的写作风格,把数学、物理乃至生物学的许多内容有机地融合在一起,仿佛作者是想到哪说到哪,将叙述的内容信手拈来,其实仔细思考,就会感觉到其中各部分内容之间内在的紧密关系。按照某种分类,这本书或许可以算作"高级科普",也就是说,要完全读懂它并不那么容易,需要读者具有某种程度的知识准备,还需要在阅读时随着作者的叙述自己动很多的脑筋来进行思考。记得我在上大学一年级初次读这本书时，就没有完全读懂，特别是其中讲述拓扑概念的那部分，也包括一部分数学内容的叙述。虽然后来听说在最初的中译本中，存在一些数学公式上的错误，这也许是我没有读懂的部分原因，但却绝不是全部的原因。其实，我们在读一本好书时，未必需要在一开始就读懂所有的内容细节。更重要的，是你能不能从中体会到一种新的观念，获得对科学和数学的一种新的理解。多年以后，当我对《从一到无穷大》这本书中的大部分具体内容记忆已经很有些模糊了的时候，但在初次阅读时的那种感受却仍然记忆犹新。正像一位物理学家曾有些开玩笑般地讲的那样，所谓素质，就是当你把所学的具体知识都忘记后所剩下的东西。确实，如果你在阅读时能够真正动些脑筋，能够体会到作者写作的匠心，能够意会到一种独特的东西，感觉到一种魅力，那么，即使没有百分之百地读懂《从一到无穷大》这本书，也仍然会有很大的收获，甚至于比读懂或背下了一些迟早会淡忘或过时的具体科学知识会收获更大。

对中国的读者来说，《从一到无穷大》这本书的另外一个与众不同的背景，是当它的中译本首次问世时，虽然已是英文初版问世后 30 多年，却正值中国大学刚刚恢复高考，许多大学生迫切地需要科普读物而又无书可读。值此机会，《从一到无穷大》这本科普名著的中译本恰恰成为雪中送炭之作。如今,问起许多在那个时候上大学的朋友,发现他们普遍都对这本书印象深刻,情有独钟。可以说,作为科学修养的重要滋养品,它曾经伴随了一代人的成长。即使考虑到因当时出版物的匮乏而使得图书印数很高,但中译初版55万册的印数还是很能说明问题的。

从中译本初版的问世到现在,转眼又有20多年过去了。从现在的观点来看,这本科普名著并未过时。但令人遗憾的是,在这期间,由于各种原因,包括出版的低谷和版权的原因,除了1986年重印了区区2000册之外,《从一到无穷大》这本佳作的中译本再未有机会重版,使得众多新一代的读者无缘领略其魅力。现在,在版权问题解决之后,由原译者暴永宁先生据1988年的新版再度修改译文,并经吴伯泽老先生(他也是伽莫夫另一本科普名作《物理世界奇遇记》的译者)校订,此书的中文版终于能以新的面目重新问世,考虑到前面所谈的理由和背景,这实在是我国科普出版的一件喜事。

在国内出版的科普译作中,此书完全可以当之无愧地说是名作名译的典型代表。

此系为《从一到无穷大——科学中的事实和臆测》(修订版)(伽莫夫 著 暴永宁 译 吴伯泽 校,科学出版社,2002年出版)所写之序。

18. 努力言说不可言说之事

编辑寄来了 CAPO 所著的《上帝掷骰子吗——量子物理史话》一书的打印稿,要我为之写个序言。为此,我当然需要通读一遍此书,读过之后,还是很有些感想,姑且写在这里。

我不知道作者的身份,但从书稿的内容来看,判断应该是学习物理出身,对物理学知识有较好的理解,而且,与通常学习物理专业的人的区别,在于这个 CAPO 确实读了不少的书,想了不少的事,而这些,恰恰是写出这部颇有特色的量子物理史话的重要前提条件。

我想,这本原是网上创作的作品的正式出版,应该是被当做一部科普作品。但这部科普作品,又是以"史话"的形式写成的。这里面就涉及一些问题。

其一,是量子物理学的普及本来就是一件非常困难的事,在某种程度上讲,甚至于是一件不大可能的事,一种不可言说的事。那些在物理系专门学过量子力学、量子场论的学生,即使在物理考试中的计算上做得很出色,也很难说是真正搞"懂"了量子问题。在这个打了引号的"懂"的意义上,就连那些大物理学家也恐怕是如此,因为对物理学这个分支的理解,从来就存在着某种的不一致,否则,像玻尔和爱因斯坦这样顶级的物理学家,也就不会在几十年的时间里一直就相关的问题"论战"不已,直至去世也没最后争出个所以然来。相反,那些仅仅通过对量子力学的初步学习(哪怕是物理系里专业性的学习)就觉得自己"懂"了量子力学的人,反倒可以说是一种真正的不懂。对此,看看某些超级大科学家(比如费曼)的态度,就很显然了。再者,即使那种初步的"懂",如果离开了精确的数学的表述,也几乎是不大可能的。尽管有人说科普书里多一个数学公式,就会吓走一半读者,而此书中还是使用了不少数学,但这与那种严格的对量子力学的表达,总还是有所不同的。更何况说"懂"量子力学,意味着在那些数学表述的背后,要对诸多非常哲学性的问题,包括很多很根本性的哲学性问题的理解。因此,我始终觉得,要面向公众真正地"普及"量子力学,让公众真的搞"懂"量子力学,那几乎是不可能的事,在这种意义上,量子力学是不可普及,不可言说的。

其二,此书是一本"史话",这又给叙述增加了新的难度,即历史的问题。叙述一门学科的知识,通常有两种方法:一种是历史的方法,即按照该学科的历史发展过程来叙述;另一种则是逻辑的方法,即不是按照历史发展的顺序,而是按照事后的理解进行一种更为合理的逻辑重构。就前一种叙述方式来说,固然有生动、具体的优势,但也因历史的发展并不一定是一种最适于事后在短时间内获得最佳理解的结构,因而给学科内容的理解增加了难度。而且,如果按照历史学或者说科学史的专业要求来说,相对严格标准的历史叙述又是要求叙述者有一定的历史训练才行。但是,从这本书的内容来看,作者似乎还不是专门从事科学史研究的人士。

那么,在以上两个问题或者说困难存在的前提下,这本量子史话还有什么意义吗?

我以为还是有的,对之,我们可以给出相应的辩护。

其一,是对于科学普及或者说公众理解科学的理解。过去,我们通常把成功的科普的目标设想为是要让公众尽可能准确、全面、系统地了解和把握普及者所讲述的科学知识。但是,通过科普的方式,这样的目标似乎从来没有真正地实现过,因为科普毕竟不等于专业化的对科学的教学。反过来讲,如果我们把上述目标修改一下,不是一定要被普及者那么严格系统准确地理解所要普及的学科的科学知识,而是在阅读的过程中,获得一种科学的感觉,或者就像此书作者在后记中所讲的,让读者得到一点感染和启示,这样的话,同样可以增加读者的科学意识,体验科学的感觉,培养科学的思维,学习科学的文化。在这样的目标下,如果读者能够读进去,哪怕理解得并不十分全面、准确、系统,也仍然是非常有意义的学习过程。尤其是对于像量子力学这样特殊的学科领域,就更是如此了。

其二,作者用的标题是"史话",这也似乎就像我们平常在各种电视剧中经常看到"戏说"一类的标题。这样的标题,并不标榜自己是那种学院式的标准历史,而只是在形式上采用了一种历史的叙述方式。以这本书为例,虽然作者参考了大量二手的历史著作,并且在大的框架和线索上基本上是准确的,但在那些具体的"情节"中,显然有诸多出自作者的"历史想象"之处的细节。但如果我们并不将它作为严格的历史,而是作为以大致严格的历史框架进行的一种普及性叙述,而且有助于增加读者直观、形象的理解,有助于吸引读者,那么,在科普读物中,这样的做法当然也还是可以接受的。

做完辩护之后,我们还可以讲讲这本书的其他优点。不甚完备地总结下,我大致可以想到如下几点,一是语言风格的独特。具体说,就是作者尽量采用了相对时尚的网络语言叙述的方式,而这对于今天的广大青年读者来说,显然是一种比较熟悉、比较有吸引力的叙述方式。此书的内容非常丰富,将与量子力学直接相关及大量间接相关的知识问题尽可能详细讲述,读者如果不想追求百分之百的把握的话,完全可以在其中选择自己感兴趣的那部分内容进行阅读。此书在逻辑结构上也比较合理,问题和线索都比较清楚,而且采用"饭后闲话"的形式,巧妙地将那些与主线距离稍远或相对零散然而又很重要的内容,放在这条副线中叙述。最后,我们可以说,尽管参考了许多参考书的说法,书中大部分内容与其他一些介绍量子力学知识和历史的专业性、半普及性和普及性著作中的内容相接近,但其中还是经常可以看到属于作者自己的思考和表述,像一些形象的比喻,一些议论分析,特别是一些带有哲学意味的思考等。而且,从内容上讲,此书在内容上具有一种完整性,从史前阶段一直讲到量子力学的前沿研究的许多问题,这当然也是它的一大特点或者说优点。

其实,说了这么多,也不过是个人的一些感觉和分析。此书是否能够取得成功,还要靠广大读者的最终检验,也就是说,要看它在广大读者中的反应如何,看它是否能够吸引读者,是否能让读者有所收获,不论是那种即时的,还是更长远的收获。不过,从我阅读此书的感觉来说,我相信它肯定能吸引许多有兴趣了解量子物理的读者的。

要想让那些对量子物理不感兴趣的读者阅读此书,恐怕会有一定难度,或者,通过喜欢它的人(可以是因为任何理由,如语言风格、比喻生动等)的介绍推荐,或者是由于其他一些偶然的机遇。但是,倘若这样的读者在读完此书后真的对量子物理学及其相关问题产生了兴趣,倘若那些本来就对量子物理感兴趣的读者在阅读后会引发自己的新思考,那么此书就应该说是成功地达到了可达到的目标了。

要知道,一部关于量子物理学的普及读物要想达到这样的目标可不是一件容易的事!

此系为《上帝掷骰子吗:量子物理史话》(曹天元 著,辽宁教育出版社,2006 年出版)所写之序。

19. 手工艺里的智慧

　　在以往的科学史、技术史的研究中,主流的研究工作大多是关注近现代科学技术的发展,而对于在人们日常生活中所需要的日常技术,则几乎视而不见。这种情况,首先,是与科学技术史发展的阶段有关,即还没有足够的精力去关注那些主流科学和技术之外的传统的、日常生活的技术。在对中国古代科学和技术的历史研究中,虽然不可能有近现代西方传统的(也是在如今的教育和研究中被几乎是独一无二地重视的)科学技术,但对那些带有日常生活技术特征的传统技术(及与之相关的广义的科学)的研究,也经常是以西方近现代科学的标准来比照,从而带有一定程度的变形甚至扭曲。其次,这种情形也与社会上流行的科学技术观有密切的关系。因为长期以来,人们过分地关心、追求并且颂扬现代科学和技术的辉煌成就与其重要意义,而对那些有着更悠久传统但长期以来与人们的日常生活更加密切相关的地方性的技术(以及相关知识——如果因其也是人们对外部世界和自身的认识,从而我们可以用广义的科学来称呼这些知识的话),却有着极大的忽视或者轻视。再次,从人类学研究的角度来看,虽然从很早开始,人类学家就开始探索与人类生存相关的传统技术,而到后来,甚至于连主流科学家的实验室都成为人类学家的"田野",并相应地出现了所谓"科学(或科学技术)人类学"的人类学分支,但毕竟由于在所关注的问题上兴奋点的差别,从整体来看,科学和技术一直没有成为人类学研究中的重点。

另一个值得关注的背景是,科学和技术在当今的社会中已经成为一种几乎是独一无二的意识形态力量和物质力量,伴随着"现代化"和"全球化"的大趋势,无论是在精神的层面上还是在物质的层面上,都产生了而且正在产生着几乎是史无前例的巨大影响。在这种追求更加现代化、更加高科技的发展中,在我们身边,就像同样是随着现代化的过程由于人类的活动而带来了自然界中生物多样性的迅速减少一样,许多传统的生活技术及其文化也同样在迅速地消失。这种文化多样性的消失,同样是人类的重大损失!

在这样的背景下来看这本名为《手工艺里的智慧:中国西南少数民族文化多样性》的书,人们就会发现,这恰恰是针对社会发展现状而进行的迫切为社会所需要的研究成果。除了很有理论思考的总论性的第一章之外,书中第2-8章的内容,以7篇硕士论文为基础,针对中国西南少数民族的生活技术的 7 个主题进行了很有特色而且是原创性的研究。也许，除了关于贡川纱纸更与文化相关，其余各章，涉及的都是有关"衣、食、住"的传统技术。其中，之所以缺少了"行"这一要素，或许也是具有深意和值得深思的，因为"行"更多地与交流相联系，而我们如今过分地强调的"交流"，又经常是带来多样性消失的重要因素。此书缺少此项内容，虽然也可能是与研究选题上的偶然性有关，但我还是宁愿相信，关于"行"的技术在传统中的弱小，也许恰恰正是传统的技术和生活方式能够在过去稳定地保留的前提条件之一。

如今，许多学者对现代化和全球化已经进行了许多反思，但这样的反思仍然非常不够，而且对实际的社会发现的影响也极为不尽如人意。如果站在现代化和全球化的立场上，以近现代和当代的科学技术作为标准，就会对像此书中所研究的这些技术不当回事儿，认为没有什么研究价值。但近些年来，从国际的背景来看，人类学与科学技术史和科学技术哲学的结合，正带来重大的观念上的改变。例如，既是人类学家又是科学技术史家的美国学者白馥兰（F. Bray），就曾在其对中国古代建筑技术的研究中，相对于以往技术史只关注在西方工业革命中起了重要作用的"生产的机器"，将住房（民居）视为是"生活的机器"。这差不多又是一种在人类学视野中对于"技术"概念的拓展。相应地，将人类学与科学技术史的研究相结合，也成为以科学技术为对象的人文研究中的前沿发展。

基于以上讨论,我们就可以总结出此书的研究体现了一些优点:

(1)与以科学技术为对象的人文研究(或许可以称为科学技术的文化研究)的国际前沿发展趋势相一致;

(2)由于研究者均受过良好的人类学训练,因而有着很好的研究立场和方法(不仅仅只是关注传统技术的"纯技术细节"——尽管对传统工艺的保护也很重要,而且关注与这些传统技术相关的文化),这是超越过去绝大多数科学技术史研究者的重要要点;

(3)研究者所关注的又是少数民族的传统生活技术,这样的技术是更加"地方性"的,也是在当下更加"濒危"因而需要拯救和抢救保护的;

(4)这样的研究,对于让人们认识传统技术的价值,反思当下发展的"误区",也是有着积极的重要意义的;

(5)这样的研究,无论对国内科学技术史、科学技术哲学、科学文化领域,还是对人类学领域,都是重要的发展。

有了好的理念、立场和研究方法,再加上选题的恰当,以及研究的深入扎实,就对研究的原创性(这里我实在不愿意使用那个在目前已经被用烂了的"创新"一词)有了保证。好几年前,我曾在公开的报告和发展的文章中,提到各种研究"基金"对于实际研究的"破坏"作用的问题。时至今日,这个问题愈发严重。放眼今天国内学术界,为了个人和部门的实际利益,为了应付体制所要求的并不合理的"考核",为了经济收入和职称晋升等目的,不择手段地"争取"(如果不用更严厉的"骗取"一词的话)各种项目基金,然后为了"完成"研究项目,再以应付的方式,产生出既无社会意义又无学术意义的、粗制滥造、非原创性的大量学术垃圾,这样的情形已经比比皆是。然而,此书的写作,也是一个科研项目(作为广西民族大学2006年度重大课题的"壮侗语民族的族群共生性与文化多样性研究")的一部分。正如前面所讲的,此书的研究,在内容上是极有原创性的,在当下充斥着诸多应付式的"课题成果"的局面下,此书倒是少数值得肯定的"例外"。

在国内,不管是在人类学领域,还是在科学技术史或科学技术文化研究领域,此书这种类型的研究应该说都是开创性的。既然是开创性的,当然也还会有一些不够成熟的地方,但那也同时意味着这样的研究在未来会有更大的发展空间。

希望未来能有更多、更深入的这样的研究出现。

此系为《手工艺里的智慧》(秦红增 韦丹芳 等 著,黑龙江人民出版社,2011年出版)所写之跋。标题为编辑此书时所加。

20. 历史导向的科普与在科普中历史的 "前沿"

　　科普,应该普及什么内容,已经有了不少的讨论。传统中,科普主要是要普及具体的科学知识,尤其是前沿的科学知识。后来,人们意识到,除了具体的科学知识,科普其实还可以有而且应该有更多的内容,应该有人文的视野和关怀。就此而言,科学史内容进入到科普当中,就是重要的变化之一。

　　但是,在比较常见的涉及科学史内容的科普中,所利用、所传达的科学史内容大多又是比较"标准"的科学史。所谓"标准"的科学史,大约是指那种按照目前的研究和标准较有"定论"的历史,不过,这样的有所谓"定论"的历史,与实际上当时的情形,经常是会有一定的差异的。

　　《科学美国人》,在国际范围内,也可以算得上是一流的科普期刊了。从这本期刊上选取经典科普文章,对于国内的需求来说,也应该是很有价值的科普。但是,不仅于此,其实这本刊物上还有另外一些为现在的科普所缺少但却另有价值的内容。这本书所选择的,恰恰就是在这样一种有新意的视角下的新的内容。

具体地讲,这本刊物多年来,一直刊有"经典回眸"栏目,是从不同时间段的节点来报道和观察若干年前的科学和技术进展。这样的时间段,会长达150年之久。也正像我们所知道的那样,在不同的历史时期,人们对科学和技术进展的判断和评价是不同的,在类推中,甚至我们可以说,人们目前对当下科学和技术进展的判断和评价,在若干年之后的人们看来,也会显得有些"幼稚"或"可笑"。但无论是过去的认识还是现在的认识,它们虽然不是永恒不变的,却又是曾经实际地存在过的。这本书,精选这些在过去不同历史时期人们对当时和以前的科学技术进展的看法,会让读者更有一种更加贴近当时历史的生动感受,既是一份珍贵的、有启发性的史料,同时作为科普的内容,也会从历史的角度让读者对科学和技术有一种新的看法,意识到科学和技术是在不断发展变化而非一劳永逸的,意识到人类对科学和技术的研究总是有局限的。

在目前科普出版成为热点的情况下,要将科普做出新意并非易事。但也正是由于以上的理由,我们当然可以说,这本书恰恰是科普领域中很少见的颇有新意的新类型,这是非常令人欣喜的。

希望读者通过阅读此书,也会在历史的视角下对科学和技术有新的感受、新的理解,并将这种意识内化为一种新的看待人类对世界和对自身之认识的方式。这将是科普的一种新意义。

此系为《不可思议的科技史:〈科学美国人〉记录的400个精彩瞬间》(《环球科学》杂志社 外研社科学出版工作室编,外语教学研究出版社,2015年出版)所写之序。